茶로 만난 인연

KB162248

TEA ESSAY

홍차 에세이

茶 로 만난 인연

글 **김 정 미** · 사진 **봉 수 아**

● 향기를 품은 사람들이 내게 다가왔다 ●

설레임이란 얼마나 좋은 감정인지..

이와이 슌지 감독의 영화 「러브레터」를 보면 어릴 적 첫사랑에 대한 이야기가 설레임으로, 그리움으로 담겨있다. 예전보았던 그 영화를 나이 들어 다시 꺼내보니 또 다른 설레임이다가온다. 예전엔 미처 느끼지 못했던 섬세한 감정까지 더해져서..

　사랑이란 감정은 이렇듯 잔잔하던 마음에 작은 파문을 일으
킨다. 일상에 묻혀 잠시 잊고 지냈던 그 감정이 언젠가부터 내
마음에 조금씩 살아나기 시작했다.

　아침에 일어나면 거실의 큰 창을 향해 걸어가 습관적으로 하
늘을 살핀다. 하늘이 내어주는 표정을 보며 채워 나갈 하루를
마음속으로 그려본다. 그리고는 차를 고른다. 내 마음에 들어
온 차와 찻잔을 고르며 잠시 지나온 일상들과 마주한다. 나를
위한 한 잔 의 차, 그리고 짧은 생각들... 행복은 이 순간 소리
없이 스며든다.

　홍차는 내게 이렇게 조용히 다가왔다. 따스한 온기를 품고
가벼운 향을 내어주며 고운 수색으로 얌전히 앉아서는 작은
손짓을 한다. 그 거부할 수 없는 몸짓에 나는 달뜬 마음으로
조용히 숨을 고른다. 홍차는 내 마음에 작은 파문을 일으켰다.

　내가 차를 고르고 차를 우리는 시간은 '내 안의 나'와 만나
는 시간이다. 그동안 별 관심 기울이지 않았던 내 안의 내게

차분한 찻자리를 마련하여 조용한 초대를 한다. 김이 모락모락 올라오는 따스한 홍차 한 잔을 앞에 두고 앉아 있으면 이런 저런 생각에 잠긴다.

　순간 지친 일상의 고단함이 밀려오기라도 하면 잠시 그 일 상으로부터 거리를 두고 이 순간만큼은 나만의 소리에 귀를 기울인다. 차분한 이 시간, 지나온 시간들을 추억하다보면 스 쳐간 인연들이 문득 떠오르기도 하고, 책장에 꽂힌 두툼한 책 에 손이 가기도 한다. 집어 든 책 속에는 수많은 사람들의 삶 의 무게가 켜켜이 쌓여있고, 난 따스한 차 한 잔과 함께 그들 을 만나고 그 삶을 느끼고 그 무게에 나를 싣는다. 홍차는 때 로 현실 속에서 새로운 인연을 만들어도 준다. 홍차가 아니었 음 만나지 못했을 그런 인연들을 말이다.

　차의 향기만큼이나 다양한 향기를 품은 사람들이 내게 다가 왔다. 차를 닮은 아름다운 사람들이 내게 말을 건네 온다. 은 은한 향기를 품고서 따스한 온기를 유지하는 고운 수색의 홍 차처럼 그런 인연들이 내 주위를 따스하게 채우기 시작했다.

홍차에 대한 나의 관심은 삶마저도 사랑스럽게 만든다.

사람만큼 아름다운 것이 또 있을까? 길에 피어있는 한 송이 꽃보다도, 첫눈의 보송한 눈송이보다도, 끝없이 펼쳐진 바다의 짙푸른 기운보다도 사람이 아름답다.

때로는 사람 때문에 아프고 상처받고 힘들지라도..
茶로 만난 인연...

목차

인연 Ⅳ

홍차 상식

Pieter Gerritsz van Roestraten (1630-1700)

인연
I

Mariage Frère | Empereur Chen-Nung |
正山小種 | Lupicia | Daruma | 臻味茶苑
大禹嶺 烏龍 | 봄, 마중 | 宇治 | 三星園抹茶

'茶'로 만난 인연은 잔잔하게 다가와 따스한 풍경으로 머문다.

기억에도 없고 만난 적도 없는, 먼 이야기 속 어딘가에 머물고 있는 이들이 차와 함께 내게 살며시 다가왔다. 그들은 내 기억 속에 차곡차곡 쌓여 시간 속에 인연의 깊이를 더해준다.

홍차를 품고 되짚어가는 과거로의 여행은 현재의 시간마저 잠시 잊게 만든다.

차나무에 달린 연둣빛 찻잎의 은밀한 유혹
에 빠진 영국을 들여다보면서 그 유혹의 발상지인 중국이 궁
금해졌다. 중국에 은을 갖다 바치며 찻잎을 겨우 얻어냈던 영
국 사람들의 눈에 비친 중국은 어떤 모습이었을지, 세계의 중
심이라 여기며 콧대 높던 중국에선 대체 언제부터 차를 마시
기 시작한 걸까? 그리고 그 찬란했던 문화가 뿌리부터 흔들리
게 된 것이 차의 영향이었다는 사실은 참으로 아이러니하다.

차의 기원을 찾다 만나게 되는 첫 번째 인물은 신농이다. 세
계에서 차를 처음 마시기 시작한 사람은 중국인이며, 그 시작

은 기원전 2737년으로 거슬러 올라간다.

내가 역사에 관심이 있던 시절이 있었을까? 난 역사와 관련된 과목을 그리 좋아한 적이 없다. 그런 내가 홍차와 사랑에 빠진 이후 차의 기원을 찾아보며 그와 관련된 차 문화와 역사에 빠지기 시작했다. 차를 제일 먼저 마신 사람은 대체 누구인지, 어느 나라에서 차를 마시기 시작했는지, 이런 작은 호기심은 차에 점점 더 깊이 빠지게 되는 계기를 만들어 주었고, 그렇게 해서 처음 나와 차로 인연을 맺은 이는 머리 양쪽에 작은 뿔이 달린 전설 속 인물 신농이다. 신농을 묘사한 그림은 여러 버전이 있지만 대부분 머리 양쪽에 작은 뿔이 달려있고, 손에는 약초 같은걸 들고서 질겅질겅 씹고 있는 모습을 볼 수 있는데, 머리의 뿔은 소를 연상 시키듯 그가 농업의 신이라는 것을 짐작케 하고, 손에 든 약초는 그가 의학의 신임을 의미한다. 그는 나무로 농기구를 만들어 사람들에게 농사짓는 법을 알려주고, 사람들을 이롭게 할 요량으로 약초를 찾기 위해 자연에서 나는 모든 풀을 뜯어 맛을 보았단다. 이런저런 풀을 뜯어먹고는 어느 날 일흔 두 가지 독에 중독이 된 그에게 우연히 나타난 차나무의 찻잎. 온몸에 독이 퍼져 꼼짝 할 수 없었던 신농이 찻잎을 씹어 먹으며 서서히 해독이 되었다는 전설 속 이야기를 통해 그 과장됨 속에서도 믿음이 생기는 건 내가 차

13

를 마시며 하루하루 몸과 마음이 더 건강해지는 걸 느끼기 때문인지도 모르겠다. 이렇듯 차는 약의 개념으로 처음 시작이 되어 세월 속에 깊이 뿌리를 내리며 중국인들의 삶에 서서히 스며들었다.

중국인들에게 차茶는 어떤 의미로 일상에 자리하고 있을까?

위화의 소설 「허삼관 매혈기」를 읽다가 차를 마시는 반가운 장면을 만났다. 책을 읽다가, 혹은 영화를 보다가 차를 마시는 장면이 나오기라도 하면 그 내용과는 상관없이 온 시선이 집중되는 증상은 차와 사랑에 빠진 이들의 첫 번째 증상일 것이다. 단조로운 일상에 행복을 얹어주는 고마운 순간이다.

주인공 허삼관은 첫째 아들 일락이가 자신의 아이가 아니란 걸 알고 한바탕 소동을 벌이고는 일락이가 친 사고로 병원비를 크게 물어낼 일이 생기자 흥분이 된 나머지, 없는 살림이니 아내더러 일락이의 친부에게 찾아가 치료비를 받아오라한다. 다른 남자의 아이를 자신의 아들인줄 알고 키웠던 허삼관의 심정은 가히 짐작하고도 남겠다. 아내는 남편이 시킨 대로 돈을 받으러 가지만 받아오지 못했고, 치료비를 물어내지 못하니 일곱 명이나 되는 한 무리의 남자들이 허삼관의 세간 살림을 가져가려고 집으로 쳐들어온다. 그 다급한 순간 허삼관은 아내를 향해 느긋이 이렇게 말한다. "어이, 찻잔 일곱 개 하고

물 한 주전자 끓이라고. 통 속에 찻잎이 아직 남아 있나?" 툭 내뱉듯 던지는 허삼관의 말 속에서 만만디 같은 그들의 일상이 엿보이고, 차의 존재가 드러난다. 내주는 차를 차마 마시지 못하고 그냥 떠나려는 일행을 붙잡아 앉혀서는 차를 따라 나눠준다. 자신들의 세간 살림을 짐수레에 거둬가는 야속함은 한쪽에 밀어두고 차를 마시고 가라니.. 함께 차를 나눠 마시고는 그들이 짐수레를 끌고 서둘러 떠나자 그제야 부부는 길바닥에 주저앉아 소리 내어 우는데... 과장스러운 설정을 통해 무거울 수 있는 장면을 다소 가볍고 천진스럽게 표현한 이 소설의 블랙 코미디적 요소 안에 차茶가 등장한다.

차는 중국인들에게 있어 물처럼 공기처럼 존재하는 자연스런 삶의 한 부분으로 느껴진다. 너무 자연스러운 나머지 '당신네들에게 차가 어떤 의미인지' 물어 보기라도 한다면, 자신들이 차를 특별히 마신다는 생각조차 못할 정도로 차는 그들의 일상에 흐르듯 자연스럽게 스며있음을 알 수 있다.

일상생활 속에 차 문화가 자연스럽게 스며있는 중국. 차는 중국인의 뿌리며 일상이다.

早茶一 , 一天威風, 午茶一, 勞動輕松, 晚茶一 , 提神去痛

아침 차 한 잔에 온종일 힘이 넘치고, 점심 차 한 잔에 일이 가뿐하며, 저녁 차 한 잔에 기운이 나서 고통이 사라진다.

그들의 속담을 따라 읽다보면, 감히 흉내 낼 수도 없는 그 깊은 뿌리에 난 작은 질투심마저 느낀다.

차의 시간을 거슬러 올라가 그 시작점에서 만난 첫 번째 인연, 신농. 그의 사람을 사랑하는 마음은 차가 품고 있는 본성이다. 그를 통해, 차를 통해 사람을 향한 마음의 길을 배운다.

17

Chinese Trade Pictures (Tea Production), 1803, Cantonese Export

신농

마리아쥬 프레르 Mariage Frère
신농 황제 Empereur Chen–Nung

해가 저물 시간은 조금 더 남았는데 하늘은 어둡게 내려앉았다. 두꺼운 구름층 사이로 금방이라도 비가 쏟아질 것만 같고 시야는 뿌옇게 흐리다. 마음마저 어둡게 가라앉기 전에 차를 한 잔 우려야겠다는 생각으로 몸을 일으켜 세운다. 흐린 날 손이 가는 차는 정해져있다. 날씨에 따라 마셔야하는 차가 정해져 있는 것도 아닌데 손과 마음은 무언의 약속이라도 한듯 자연스레 차를 고르고 내 앞에 슬쩍 가져다 놓는다. 왠지 이런 날은 파릇한 녹차에 손이 가지 않고, 청향 가득한 우롱차도 내키질 않는다. 스모키한 훈연향이 맴도는 묵직한 차 한 잔이 끌리고..

프랑스의 마리아쥬 프레르는 역사가 오랜 홍차 전문점이다. 프랑스 사람들은 작은 잔에 진한 에스프레소를 무척 즐기지만 언젠가부터 홍차에도 조금씩 관심을 갖기 시작해 이젠 제법 다양한 홍차 매장이 여기저기 생겨나고 있다. 그래도 역사가 제일 깊은 곳은 단연코 마리아쥬 프레르다. 영국보다도 앞서 홍차를 마시기 시작한 프랑스지만 영국에서만큼 홍차의 인기는 늘지 않았고, 차는 나이든 부인네들이나 마시는 구식음료로 여겨져 사람들의 시선 밖에 있게 되었다. 하지만 마리아쥬 프레르는 질 좋은 찻잎을 공급받기 위해 100여 년간 숨은 노력을 아끼지 않았고, 그 빛은 1980년대 후반에 이르러 서서히 발하기 시작했다. 태국 출신의 차 매니아 키티 차 상마니Kitti Cha Sangmanee에 의해 새롭게 운영이 되면서 마리아쥬 프레르는 화

려한 발돋움을 하게 되었고, 본격적으로 가향차 블랜딩에 집중을 하게 되었다. 그의 앞을 내다보는 혜안은 적중하고 있으며 특히 일본인들의 시선을 사로잡고 있다. 품질이 좋은 찻잎에 고급스런 향을 가하니 그 콧대 높은 가격도 뭐라 할 말이 없다.

마리아쥬에서 반가운 차를 만났다. 바로 차의 기원 신농이다. 신농 황제를 마리아쥬에서는 어떻게 해석 했을까? 신농 황제의 이름을 걸고 어떤 블랜딩을 했을까? 차의 블랜딩은 내게 끊임없는 호기심을 자극한다. 어릴 적 추억 하나, 크리스마스 즈음이 되면 커다란 네모 상자에 과자가 가득 담긴 종합 선물 셋트가 다양한 사이즈로 가게의 진열장을 채우며 어린 나의 발걸음을 멈추게 만들곤 했다. 엄마를 졸라 커다란 녀석으로 골라 하나 집어 들고 집으로 돌아오는 길은 어찌나 신이 나던지. 그 안에 뭐가 들었을지 궁금해 하며 부푼 마음으로 상자를 풀어보던 그때의 추억은 여전히 마음 한 구석을 따뜻하게 지피는 작은 기억의 불씨다. 먹고 싶은걸 골라서 사는게 더 좋지, 뭐가 들었는지도 모르는 종합 선물 셋트가 뭐가 좋으냐고들 했지만 난 그게 그렇게 좋았다. 누군가 어떤 조합으로 과자 한 상자를 완성해서 예쁘게 포장해 놓은 것. 그 안에는 뭐가 들었

을지 모르지만 상자를 열어 보기 전까지 어린 마음을 콩닥거리게 하던 네모난 상자. 내게 차의 블랜딩은 어릴 적 그 마음처럼 늘 두근거리게 만든다. 새로운 블랜딩 차를 만날 때면 안에 든 찻잎이 어떤 향을 품고 어떤 맛과 수색을 내어줄지 무척이나 기대가 된다. 그 마음은 품안에 가득 안고 어떤 과자가 들었을까 하고 궁금해 하던 내 어릴 적 추억의 설렘과 닮았다.

'처음 이 세상에 차를 소개해 준 신농씨, 어떤 향과 맛을 품고 여기까지 오셨나요?' 처음 마주하는 향을 기대하며 깔끔한 디자인의 검은 차 봉투를 조심 열어보니 강한 훈연향이 훅 밀려들고 내 눈은 금세 둥그레진다. 예상치 못한 습격이다. 차의 향을 맡으며 습격이라는 표현이 왜 나왔는지 상상이 되지 않는다면 이 차의 향을 맡아보시라. 누구라도 이내 고개가 끄덕

여질 것이다. 습격이라는 단어가 튀어나올 만큼 이 차의 향은 강하게 밀려들어온다. 까슬거리듯 진하게 퍼지는 향은 흔히 상상하는 친숙한 홍차의 향과는 한참이나 거리가 멀다. 차라고 하기보다는 약에 가까운, 차와 약의 그 모호한 정체성의 기로에서 잠시 눈빛이 흔들린다. 습격의 충격에서 살짝 빠져나오니 신농 이라는 이름을 걸고 차를 블랜딩 하며 한참 고민에 빠졌었을 이름 모를 누군가가 상상이 되었다. 차의 기원 신농을 어떻게 표현하면 좋을까, 오래 고민하며 고단했을 그 시간이 만들어낸 이 차는 향으로도 눈치 챌 수 있듯 랍상소우총[1]을 닮았다. 홍차의 원조인 정산소종[2]이 되고 싶은 랍상소우총. 그 사연 속으로 빠지다보면 이 차의 강한 향기가 묵직한 역사의 깊이로 다가오니 차를 마시는 즐거움은 내게 이런 것이다.

물이 끓는 동안 찻잎을 조금 더 살펴본다. 검은 찻잎은 여전히 진한 향을 내뿜으며 강한 모습으로 앉아있고, 찻잎에 뜨거운 물을 부으니 머무르던 향이 주위로 빠르게 퍼진다. 사방을 휘저으며 맴돌던 향은 시간이 지나면서 점점 차분히 가라앉고, 이내 맑은 갈색의 수색으로 우러나 단정하게 앉아있다. 처음의 강한 인상은 서서히 잦아들고 그윽한 늦가을의 향을 내

----

1) 정산소종의 영어식 발음.
2) 최초의 홍차로 무이산 복건성 동목관촌에서 만들어진다. 원조인 정산소종과 구분하여 동목관 주변지역의 찻잎으로 정산소종 제다법으로 만든차는 외산소종, 그 외의 지역에서 정산소종 처럼 만든 것은 연소종이라 부른다. 일반적으로 랍상소우총이라 판매하는 차들은 대부분 연소종에 속한다.

어주며 여린 은은함 마저 보태준다. 걱정 반, 기대 반으로 한 모금 넘기니 이번엔 그 맛에 두 눈이 둥그레졌다. 흐리게 쳐진 하늘에 멋지게 어울리는 맛이다. 강한 첫인상은 먼 시간을 지나온 듯 아득하게 풀어져 희미한 기억만을 새겨주고 바랜 향을 대신해 찻잔에 남겨진 은은함은 따스한 온기로 남아 마음의 온도를 지켜준다.

티팟 한 가득 우린 차를 금세 비워 버렸다. 가라앉으려던 마음은 아지랑이 피어오르듯 슬슬 기운을 차리고 올라온다.

한 잔의 차가 주는 위안은 좋은 사람의 따스한 위로 한 마디처럼 다정하다.

차 한 잔에 하루를 시작할 힘을 얻고, 또 한 잔에 지친 하루를 기댄다.

신농을 만나고 또다시 차의 역사 속 시간을 따라 걷다 보면 편작 이라는 마음씨 좋은 얼굴의 한 인물을 만나게 된다. 편작은 전국시대의 사람으로 그 당시 명의로 소문이 나 있었다. 죽어가는 사람도 편작의 처방을 받으면 살아날 정도로 그 당시 그의 의술은 대단했다. 그는 평생 약초 연구를 하였는데 약 8만4천 가지의 약초에 대해 자세히 알고 있었다고 한다. 그 중 아들에게 6만 2천 종류의 약초에 대해 전수를 해 주고는 그를 시샘하던 진나라의 태의령승인 이혜라는 자에 의해 그는 목숨을 잃고 만다. 사람을 향한 시샘과 질투, 이런

27

文徵明 [惠山茶會圖] 明代

모진 마음을 고칠 수 있는 의술은 없는 건지.. 어찌되었든 그의 아들은 아버지로부터 나머지 2만2천 종의 약초에 대해 전수를 받지 못하게 되었는데 어느 날 아들의 꿈에 아버지 편작이 나타나 자신의 무덤에 가면 알려주지 못한 나머지 2만2천 가지의 약초를 찾을 수 있다고 하였다. 꿈이 너무도 생생하여 아들은 다음날 눈을 뜨자마자 아버지의 무덤을 찾아 갔고, 그곳에서 평소 보이지 않던 생소한 나무 한 그루가 서 있는 걸 발견하였다. 그것이 아버지가 꿈에서 말한 2만2천 가지의 약초 성분을 갖고 있다는 차나무였던 것이다. 2만2천 가지의 효능이라니.. 과장처럼 느껴지는 이 이야기를 통해 찻잎의 효능이 얼마나 다양하고 가치 있게 여겨져 왔는지를 알 수 있다.

편작은 신분의 고하를 막론하고 사람들의 질병을 다스리고 목숨을 구하기 위해 병든 이들이 있는 곳이라면 그곳이 어디든 직접 찾아 다녔단다. 그는 질병뿐만이 아닌 그 너머의 마음을 다스린 진정한 명의다.

몸에 병이 들면 아픈 몸 보다 먼저 마음이 병들게 된다. 평소보다 마음은 한없이 약해지고..

결혼하고 프랑스에서 신혼을 막 시작했던 90년대 후반, 프랑스에 도착하고 얼마 안되 병이

캐모마일(Chamomile)

단단히 나 버렸다. 모든 것이 낯선 시작이었던 그 시절, 병원에서 보낸 힘든 시간보다도 마음을 아프게 했던 한 마디 말이 오래도록 나를 힘들게 했다. 그때 느낀 건, 말 한마디가 사람을 살릴 수도, 크게 해칠 수도 있다는 것이다. 쉽게 아물지 않는 마음의 상처는 거친 시간을 견디게 만들었지만 또 그 안에서 단단해진 나를 만나게도 되었다. 어떤 상황에서도, 그 누군가로부터도 배울 수 있다는 일은 작은 위안이 되어 머문다.

말도 잘 통하지 않는 병실에 가만히 누워 싸늘한 소독약 냄새에 취해 눈가에 눈물이 맺힐 때면 미소 띤 얼굴의 보조 간호사가 슬쩍 들어와 내게 차를 한 잔 권한다. 매일 저녁 해질 무렵이면 그녀는 상냥한 미소로 다가와 캐모마일[3] 차 한 잔을 따뜻하게 건네주었고, 그 따스함은 십여년이 지난 지금도 따스

....

3) 유럽인들이 사랑하는 대표적인 허브차. 숙면을 도와주고 마음을 안정시켜준다. 사과향이 난다하여 '땅의 사과'라고도 불린다.

한 온기 그대로 내 마음에 남아있다.

낯선 병실에서의 무섭고 두려웠던 기억은 때론 잠들지 못하는 힘겨움으로 다가오기도하지만 그녀가 전해준 캐모마일 한 잔의 기억도 위로가 되어 함께 다가온다.

말 한마디의 따스함, 한 번의 미소, 말이 통하지 않아도 전해지는 마음.. 상냥한 미소로 매일 저녁 내게 차를 가져다주던 그녀는 내 마음의 편작이다.

내게 프랑스에서의 기억은 병실의 싸늘한 소독약 냄새와 함께 따뜻한 캐모마일 한 잔의 기억으로 시작된다.

31

랍상소우총을 닮은 마리아쥬 프레르의 신농을 마시며 그 원조인 정산소종에 대한 그리움이 밀려왔다. 홍차의 어머니라는 별칭을 가진 정산소종. 이 차는 중국의 무이산 동목관 이라는 작은 마을에서 정성으로 가꾼 차나무의 잎에 소나무 훈연향을 은은하게 입혀 곱게 만든 차다. 어쩌다 찻잎에 소나무 향을 입히게 된 걸까? 이 우연한 행위가 유럽 사람들의, 특히 영국인들의 마음을 사로잡았으니 작은 동목관

마을에서 만들어진 정산소종은 홍차의 시작이 되어버렸다. 젖어서 버리려던 차가 아까워 찻잎을 말리려고 소나무를 태우고, 그 김을 쐬여 만들어 유럽으로 수출한 차. 이 차가 폭발적인 인기를 끌게 될 줄은 동목관 마을 주민 그 어느 하나 상상이나 했을까? 이 향과 맛에 취한 유럽인들은 이 차를 흉내 내려 얼그레이도 만들게 되고, 랍상소우총도 만들게 되니 이 차를 처음 만든 이곳 사람들은 여전히 어리둥절해 하고 있을지도 모를 일이다. 우연하게 만들어진 차가 홍차가 되어 전 세계인의 마음을 사로잡고 이렇게 내 마음도 사로잡아 버렸다.

　노란 원형의 통에 든 찻잎을 덜어내니 가늘고 길쭉한 검은 찻잎들이 가지런히 단정한 모습으로 눈을 마주친다. 찻잎의 모양만 보고도 어느 정도의 품질을 자랑하는지 짐작 할 수가 있는데 이 녀석은 품질에 있어 어디 내 놓아도 손색이 없겠다.
　차를 우리기 전 찻잎의 모양과 색, 그리고 향을 꼼꼼히 살피는 일이 이젠 하나의 습관처럼, 나만의 의식처럼 익숙해져 버렸다. 예열된 티팟 안에 든 수분이 살짝 입혀진 찻잎의 향은 나를 즐겁게 하는 짧은 순간이다. 다원의 모든 소식을 담고 제일 먼저 속삭이듯 내게 말을 거는 순간이니 그 속삭임을 어찌 외면할 수 있을까. 하나하나 내어주는 향은 모두 다 제각각이니 차를 우리는 정성된 이 시간은 늘 새롭고도 소중한 순간으로 다가온다. 찻잎에 수분을 살짝 입힌 향과 건잎이 보여주는 모양과 색은 차가 내게 주는 첫인상이며 차를 고르는 내 선택의 기준이 되기도 한다.

찻잎을 꺼내 살펴보니 검은빛을 띤 가늘게 말린 찻잎에선 랍상소우총의 강한 향이 아닌 달콤한 과일향을 연상 시키는 여린 훈연향이 올라온다. 은은하게 구수하다. 랍상소우총의 인위적인 향과는 대조적으로 대지의 기운이 느껴지는 소박한 자연의 향이다. 계속해서 코를 대고 있어도 지루하지 않은 찻잎의 향은 순간 동목촌의 야생 차나무 밭으로 상상의 일탈을

허락한다. 뜨거운 물을 부어 차를 우리니 맑은 암갈색의 수색에 고소함과 달콤함 그 사이 어디쯤을 가리키며 향이 퍼져 나간다. 여리고 은은한 향은 달콤함의 끝을 구수함으로 바꿔주며 마무리 지어준다. 맛도 향도 수색도 어디 하나 나무랄 데가 없다. 개나빛을 연상 시키는 노란 홍차 틴처럼 마음이 화사하게 물들어간다.

홍차의 원조, 정산소종. 그 시원(始原)의 역사를 품으며 마시는 한 잔의 차는 발랄한 무게감으로 내 기억에 쌓인다.

병실 창밖으로 따스한 기운을 안고 찾아온 봄이 멀게만 느껴지던 프랑스에서의 흐릿한 기억도 이젠 아련하게 정겹다. 시간은 모든 기억을 부드럽게 걸러서 좋은 것만 내어주는지.. 봄빛이 스며들 듯 마음의 온도와 색깔을 바꿔주는 차 한 잔의 시간이 고맙다.

Bodhidharma (Daruma) 達磨図
Hakuin Ekaku 白隠慧鶴 (1685-1768)
Tokeii Temple 東慶寺

Eka Danpi 慧可断臂,
Sesshū 雪舟 (1420-1506)
Sainenji Temple 斎年寺

38

면벽수행. 벽을 보고 9년간이나 수행을 한 다는 것은 과연 어떤 것일까? 내 몸이 원하는 것을 들어주지 않고 다 떨쳐 낸다는 것은 그저 상상만으로는 쉽게 다가오지 않는다. 남인도 향지국의 왕자로 태어나 승려가 되고 선종을 창시한 달마대사. 그가 자신의 수행과 명상을 이어 나가고 전파하기 위해 중국으로 건너가 중국을 비롯해 우리나라와 일본에도 그 영향이 서서히 전파되었다. 달마도를 보면 부리부리하게 눈을 부릅뜬 달마대사의 얼굴을 볼 수 있는데 고요하게 명상을 하는 모습과 그의 얼굴은 딱히 어울리지가 않는다. 전설에 의하면, 그는 원래 수려한 외모를 갖고 있었으나 수행도중 유체이탈이 되었고 본래의 육신이 훼손되는 바람에 못난 사람의 육체를 빌려 생활하게 되었다는데 믿거나 말거나 이야기지만 그 외모의 아쉬움에 사람들의 애달픈 마음이 보태진 것 같아 슬쩍 미소 지어진다.

달마는 어느 날 참선을 하던 중 졸음이 밀려오자 눈시울을 뚝뚝 떼어서 뒤뜰에 버렸는데, 이튿날 그 자리에 나무 한그루가 생겼고, 그것이 신기하여 잎을 하나 떼어 씹어보니 머리가 맑아지고 잠이 달아나더라는 것이다. 바로 이 나무가 차나무다. 차로 만난 세 번째 인연은 차나무의 기원이 선(禪)사상과 연관이 있음을 알려주는 달마대사다. 달마대사의 차 기원설은 차가 수도용 음료로 사용되었다는 점을 시사하고 있다. 그런데 눈시울을 떼어내 뒤뜰에 버렸다는 것은 너무도 무시무시하지 않은가? 우리가 달마도에서 보듯 눈을 부릅뜨고 있는 달마대사의 모습이 이러한 전설 속 이야기를 통해보니 고개가 끄덕여진다.

정신을 맑게 깨어있게 해 주는 한 잔의 차는 마음을 고르게 다스리고 수행에 정진하게 해 주는 고마운 벗이었으리라. 졸음을 쫓는 역할만이 아니라 차를 마시는 것은 그 자체만으로도 명상이 된다. 차를 오래 마시다보면 이 명상의 의미를 스스로 깨닫게 되는데 차를 마시며 마음이 차분히 가라앉고 어지러웠던 마음이 고요해 지는 걸 자주 느낀다.

차의 이로운 점은 약으로써의 역할 뿐만 아니라 이렇듯 선종을 창시한 달마대사의 일화를 통해 명상과 수행에도 큰 도움을 준다는 사실에 감사한 마음마저 인다.

몸이 원하는 것을 들어주지 않고, 몸이 원치 않는 것에 길들여져야 한다는 것은 쉽게 이룰 수 있는 일이 아니다. 한번 잘못 밴 습관은 여간해서 고치기가 어렵다. 「잃어버린 시간을 찾아서」의 마르셀 프루스트는 습관을 이야기하며 이는 능숙하면서도 느린 조종자라고 표현하였다. 글과 글 사이의 여백마저 자신의 감성을 자잘하게 밀어 넣어 순간 지나칠 수 있는 사소한 생각과 감정들을 세밀하게 묘사해 구체적으로 풀어서 이야기하는 프루스트의 글은 느긋한 독서를 하고 싶을 때면 제일 먼저 찾게 된다. 그가 말하는 습관, 능숙하면서도 느린 조종자. 곱씹을수록 무서운 조종자가 내 안에 들어 있음이 실감된다. 이 느린 조종자는 서서히 내 몸을 장악하고 그릇된 반복으로 원치 않는 나를 만들

어 가고... 이렇게 쌓인 나쁜 습관이 얼마나 되는지 메모를 해 나가다 스스로에게 부끄러워졌다. 날마다 고쳐야지 하는 그릇된 습관 하나도 제대로 잡기 힘든 나약함을 탓하며 달마대사의 가르침을 되새겨본다.

"세상에 대한 우리의 순 가치는 좋은 습관에서 나쁜 습관을 뺀 나머지다."라고 한 벤저민 플랭클린의 말처럼 나의 순 가치는 어느 정도 인지 자문해보면서 그래도 차를 마시는 좋은 습관은 참 다행이라는 생각에 작은 위안을 품어본다.

달마대사

루피시아 LUPICIA
다루마 DARUMA

복을 부르는 인형, 다루마. 일본에서는 새해
가 되면 상점에서 다루마 인형을 팔기 시작한다. 소원에 따라
색이 열두 가지로 나온다는 다루마 인형. 장인들의 손길로 다
듬어진 이 다루마 인형은 달마대사를 형상화한 것인데 집안에
복을 불러들이고 좋은 기운을 염원하는 뜻에서 사람들은 이
인형을 구입한다. 우리나라 에서도 달마도의 의미는 복이다.
달마도를 그리는 이도, 그림을 집안에 걸어놓는 의미도 모두
복을 가까이 하기 위함이다. 어릴 적 새해 아침이면 대문 앞에

Kitagawa Utamaro

복조리가 걸려 있곤 했는데 한 해의 운을 조리에 일어 나쁜 운은 다 걸러지고 좋은 운만 걸러내는 것을 의미했던 걸까? 요즘은 이런 풍속이 사라져 새해 아침에 복조리 볼 일은 없어졌지만 일본에서는 여전히 복을 상징하는 다루마 인형 문화가 남아 소원을 빌고, 또 복을 구하는 모습이 보기 좋았다. 일본 여행길에 들른 루피시아 홍차 매장에서 우연히 다루마 홍차를 만났다. 동그란 틴에 부리부리한 눈을 가진 다루마 인형의 모습이 그려져 있는 틴을 구하고 싶었지만 새해에만 한정적으로 파는 모양이다. 차 봉투에 소분되어져 있는 티를 구할 수밖에 없어 못내 아쉬웠지만 그 아쉬움은 인형으로 달래고 차를 담아 들고 나온다. 다루마 인형엔 눈동자가 없다. 처음 이 인형을 접했을 땐 당황스럽기까지 했다. 눈동자가 없는 얼굴을 대할 때 느껴지는 생경함은 영혼이 없는 사람의 무표정한 얼굴을 마주할 때처럼 낯설고도 음습하다. 눈동자가 없는 이유가 궁금해졌다. 그 연유를 찾아보니, 그건 소원을 빌고 그 소원이 이루어졌을 때 눈동자를 직접 그려 넣어 연말에 인형을 신사에 가져가 태우는 풍습 때문이었다. 얼마나 많은 눈동자가 그려졌을까? 눈동자가 생길 때 마다 그려 넣는 본인도 완성된 눈을 바라보는 이들의 마음에도 모두 복이 가득 깃들 것 같다는 생각이 들었다.

다루마 티의 맛과 향이 궁금한 나는 여행을 마치고 돌아오자마자 차를 우릴 생각에 마음이 바빠졌다. 화려하고 다양한 블랜딩을 자랑하는 루피시아에서 달마대사의 차는 또 어떻게 표현했을지.

봉투를 열자마자 올라오는 달콤한 망고향에 마음이 반짝거린다. 기분 좋은 단향을 맡으며 찻잎을 덜어내니 적갈색의 거대한 CTC[4] 타입의 찻잎이 우르르 앞 다퉈 고개를 내민다. 세상에나 이렇게 거인같은 CTC 찻잎이라니. 둥글둥글 말린 찻잎 사이로 두툼 길쭉한 찻잎이 간간이 보이고, 빨간 핑크페퍼가 루비처럼 빛을 내며 콕콕 박혀있다. 큼직한 망고 조각도 듬성듬성 바위마냥 무게를 잡고 앉아있는데 이 화려한 블랜딩을 보고 있자니 루피시아의 모험정신에 박수를 보내고 싶어졌다. 이 과감한 블랜딩은 흡사 놀이동산에서 재미나는 놀이기구를 타듯 신이난다. 달콤한 망고향이 제일 앞서서 마중하고, 핑크

---

4) CTC: Cut, Tear, Curl의 약자. 찻잎을 잘게 찢고, 부수고 둥글게 굴려 만드는 제조법. 진하게 우러나므로 밀크티 등의 사용에 적합하다.

페퍼의 스파이시함은 뒤로 모습을 숨기고는 아주 살짝만 그 속내를 내비친다. 거대 CTC가 진한 수색을 만들어내려나? 평소보다 물의 양은 많게 시간은 짧게 우려야 되려나?

고민하는 사이 물이 끓고 바빠진 손은 평소처럼 차를 우린다. 캬라멜 수색의 차에서는 핑크페퍼 때문인지 숨어있던 스파이시함이 망고의 단향을 이끌고 제일 먼저 올라온다. 상쾌하고 시원한 향에 주위 공기마저 신선해지는 것 같다. 공기 청정기를 한껏 돌린 후의 주변 공기처럼 찻잔 주변은 신선함으로 가득해졌다. 이렇게 한껏 기대에 부풀게 만드니 한 모금 넘길 맛에 더한 기대가 올라오고, 살짝 흥분된 맘으로 찻잔을 든다. 그렇게 한 모금, 두 모금.... 그런데 이 맛을 어찌 표현하면 좋을까? 홍차라고 하기엔 과한 블랜딩에 홍차의 정체성은 안드로메다로 사라지고 대용차[5]의 기운만이 가득하다. 찻잎에서 우려진 홍차 고유의 맛은 모두 어디론가 사라져버렸다. 기분 좋은 차 한 잔을 마셨다지만 홍차를 마셨다는 느낌은 들지 않고, 이럴 때 쓰고 싶은 말, 과유불급이랄까?

정체성을 잃은 홍차였어도 함께 하는 시간은 롤러코스터 타듯 즐거웠고, 첫 향의 설렘은 여전히 마음을 반짝이게 만든다.

5) 차나무의 잎으로 만든 차를 제외한 다른 식물을 이용해 만든 차의 총칭으로 각종허브차등이 이에 속한다.

차와 함께하는 시간은 행복을 가까이 하는 습관이다.

단단한 결심으로 계획한 일들이 시간이 지날수록 희미해지는 모습이 비칠 때마다 부리부리한 눈의 달마대사의 수행모습도 떠올려보고, 망고 향 가득한 다루마 티도 한 잔 마시며 작심삼일의 유혹을 물리쳐야겠다. 계획한대로 나쁜 습관이 모두 고쳐지면 다루마 인형의 눈동자를 그러 넣어 부리부리한 눈을 완성시키고 복을 부르는 습관을 하나둘 쌓아가야겠다.

'남의 좋은 일을 들으면 자신의 일처럼 좋아하고, 잘못이 있는 자를 보면 자신이 잘못을 저지른 것처럼 부끄러워한다.' 당나라 시대 육우를 소개하는 글에 이런 문장이 새겨져있다. 내가 인연을 맺고 오래 함께 하고 싶은 사람은 바로 이런 사람이다. 사람됨의 근본이 무엇인지 행동으로 몸소 보여 준 사람. 그가 살면서 기본이라고 여기는 것들의 모든 것이 그의 책 「다경」에 쓰여 있다. 차를 마시기에 가장 적당한 사람은 아름다운 행실과 검소한 덕을 갖춘 사람이라고 사람됨을 먼저 이야기하는 육우의 책 다경은 차의 경전이라 불린다. 책을 읽어보면 차 생활뿐만 아니라 일상생활에도 지침이 되는

49

글이 많다. 꼼꼼하고 세심한 그의 기록의 흔적을 뒤쫓다보면 그의 차에 대한 열정과 사람을 사랑하는 진심어린 마음이 엿보인다.

육우는 고아로 세 살 때 용개사의 지적선사에게 발견되어 산속의 절에서 생활하게 되었다. 중이 되길 바랬던 지적선사의 뜻과는 달리 그는 나이가 들면서 절을 떠나 전국의 산을 돌아다니면서 차나무가 있는 곳에 머물며 찻잎을 채취하고, 차를 끓이기에 가장 좋은 샘물을 찾아 헤매고 돌아다니는 것을 삶의 낙으로 삼고 지냈다. 육우는 차의 맛을 제대로 내기 위해 전국을 돌아다니며 물을 연구 하였는데, 그건 차의 맛을 결정하는 데 가장 큰 역할을 담당하는 것이 바로 물이라 여겼기 때문이다. 어떤 물로 차를 우리느냐에 따라 차의 맛은 확연한 차이가 난다. 차를 잘 끓이던 육우가 절을 떠나자 그 맛에 길들여진 지적선사는 더 이상 차를 마시지 않았다고 한다. 그 역시 차에 대한 조예가 깊어 차 맛을 보면 그 차가 어떤 차인지 어떤 샘물로 끓여 만든 것인지를 알아내는 능력이 뛰어났다고 하는데, 이 소문을 들은 황제 대종은 지적선사를 궁으로 불러 그 실력을 알아보고자 하였다. 황제의 부름을 받고 달려간 지적선사에게 황제는 궁에서 차를 제일 잘 끓이는 자의 차 맛을 품평하도록 하였으나 지적선사는 단 한 모금만을 마셨을 뿐

더 이상 마시지 않았다. 황제가 그 이유를 묻자, 자신의 제자 육우가 끓인 차에 형편없이 못 미친다하니 이 말을 들은 황제는 수소문하여 육우를 찾아 궁으로 불러들이고는, 지적선사에게 육우가 끓인 차를 맛보게 하니 그는 단번에 육우의 차 맛을 알아차리고는 궁에서 그를 찾았단다. 이에 대종은 육우가 차를 끓였다는 것을 바로 아는 지적선사에 대한 놀라움과 최고의 맛을 내는 육우의 솜씨에 감탄하여 육우에게 큰 벼슬을 내리며 궁에 머물길 바랐으나 그는 관직을 거절하고 다시 산으로 떠돌며 「다경」을 집필하여 세상에 내놓게 되었다.

육우의 차사랑은 경건하기까지 하다. 소박하면서도 겸손한 마음과 정성이 가득 담긴 육우의 차를 통해 겉이 아닌 속이 채워지는 차의 진정한 정신을 되새기게 된다.

참 희안한 것이 같은 차를 우려도 우려내는 사람에 따라 그 맛이 다름을 느낀다. 그 이유가 뭘까 하니 그건 바로 차를 우리는 사람의 정성된 마음가짐 때문이었다. 차를 우리는 사람의 마음에 사랑과 정성이 들어있지 않다면 아무리 좋은 차와 물을 사용한다 하더라도 그 차에는 아무런 감흥이 없다.

차는 마음으로 짓는 것이다. 좋은 마음으로 정성껏 우리고 다정한 이들과 함께 마시는 차 한 잔은 더없이 좋다.

진미다원 臻味茶苑
대우령 오룡 大禹嶺 烏龍

차를 우리려 찻장을 여니 작은 곽에 든 대우령 오룡이 눈에 띤다. 아껴 마시는 차다. 이 차의 첫인상을 잊을 수가 없다. 첫 모금 입에 담았을 때 눈을 번쩍 뜨이게 하고 입 안 가득 맑게 퍼지는 기운은 범상치 않게 다가왔다. 이 차는 대만의 고산지대(해발2700m)에서 생산되는 오룡차다. 그러나

53

대만 오룡의 최고급이라 할 수 있는 이 차의 앞으로의 운명은 그리 밝지가 않다. 대만정부에선 산사태 등의 이유를 들어 더 이상 이 지역에서 차를 재배할 수 없게 한다고 공표를 했다니 앞으로 이 고산지역의 차를 얼마나 더 만날 수 있을지는 잘 모르겠다. 그 아슬아슬한 운명이 아쉬움으로 먼저 다가오는 차다.

찻잎을 꺼내 요리조리 살펴보니 단단하게 똘똘 말린 모양에 정성이 가득하다. 마치 뭔가를 결심하고 때가 되지 않으면 말하지 않겠다는 꾹 다문 입처럼 결연한 모습이다. 어떤 향을 품고 있을지 가까이 다가가 깊게 숨을 들이쉬니 쿠키처럼 고소한 바삭함이 깊고 가늘게 올라온다. 초록빛 단단하고 토실한 찻잎에 쿠키의 바삭이는 고소함이라니. 이 고소함은 신선하게 청량하다. 덜어낸 5그램을 예열된 개완[6]에 넣고 첫 포를 우린다. 똘똘 말렸던 그 단단한 모습은 조금씩 기지개를 켜며 부드럽게 펼쳐지고, 펼쳐진 잎새에선 숨겨놓은 꽃향을 스치듯 내어준다. 그 얄궂은 향에 잠시 취해본다. 고산의 맑은 기운이 그대로 전해지는 청아한 꽃향이다.

개완에 차를 우릴 땐 서양식 티팟으로 우릴 때와는 달리 물

6) 蓋碗 뚜껑이 있는 찻잔으로 주로 중국차를 우릴 때 사용하는 다도구이다.

의 양과 시간을 다르게 준비해야한다. 보이차의 경우는 처음 뜨거운 물을 부어 세차[7]를 해 주는 게 기본이고, 다른 차들도 개완에 우릴 땐 습관적으로 세차를 하게 되지만 이 녀석만은 예외다. 세차로 버리는 첫 포도 내겐 아깝다. 첫 포는 찻잎이 기지개를 켜며 워밍업을 하는 시간을 약 20초 정도 주고, 두 번째 포부터 10초 정도씩 보태서 늘려 나가면 된다. 그런데 이렇게 초를 재고 있을 수만은 없으니 나만의 차 우리는 방식 이 있다. 차를 마실 땐 책을 함께 보는 경우가 많은데 반 페이 지 정도 읽으면 대략 20초 정도 걸리니 책을 읽으면서 대충 우 려지는 시간을 알 수 있어 좋다. 책과 차의 궁합은 어쩜 이리 도 잘 맞는지, 차와 함께 한 책은 한층 더 재미지고, 책과 함께 한 차는 향긋하니 더 맛있다.

....

7) 洗茶 차를 씻어 낸다는 의미다.

우려진 차를 잔에 따르니 수색은 투명하게 맑은 봄빛이다. 고산지역의 안개 낀 다원의 새벽향기가 느껴지고, 구수하고 고요한 향은 종소리처럼 은은하고 맑게 퍼진다. 이 맑은 기운은 맛에서도 그대로 느껴져 그 맑고 청아함이 입 안 가득 번진다. 내포성은 어떨까? 아홉 포 까지 마시니 기운이 다한 듯 조금은 심심해졌지만 내포성도 꽤 좋은 편이다. 엽저를 걸러낸 채로 옆에 두고 책을 읽다보니 엽저에서 올라오는 잔향에 기분이 좋아진다. 고소함은 사라지고 잔잔한 여린 꽃 향만이 빈자리를 지키고 있다.

시간과 공간을 가득 채우는 차향은 마음의 빈자리마저 소리 없이 채워준다.

차를 우리며 문득 나를 돌아본다. 나는 어떤 마음으로 차를 우리는지, 어떤 마음을 담아 차를 내어 주는지, 내면의 자리를 들여다보며 그 안으로 향하는 시간은 나이가 들수록 길어져야 함을 깨닫고, 내 안에 들어올 수 있는 사람들의 자리를 늘려가는 넉넉한 내가 되어가고 있는지 잠시 꾸짖어 본다.

마음에 담지 못하는 사람들에 대한 안타까움이 잠시 스치지만, 그 마음을 접어야 하는 건지, 품어야 하는 건지 마음의 갈등은 쉽게 풀리지 않는다.

살아있을 때는 다선(茶仙)이라 불렸고, 죽은 후에는 다신(茶神)으로 불리며 많은 이들의 존경을 받는 육우의 마음의 길을 따라 오늘도 겸손하고 또 겸손한 나이길 바라면서 사람을 향한 마음의 품을 조금 더 넓힐 수 있는 주문을 차향에 실어본다.

정약용과 그의 인연들

ℳ   수종사의 하늘은 파란 물감으로 물들여 놓
은 듯 파랗게 물들어 있다.

 해마다 노란 은행잎이 물들 즈음이나 혹은 그 잎이 다 떨어
져 앙상한 가지만이 메마르게 하늘에 길게 뻗어있는 즈음이면
난 마법에라도 걸린 듯 주섬주섬 옷을 챙겨 입고 신발장 어딘
가 구석에서 깊은 잠에 빠져있을 등산화를 꺼내 신고는 휘적
휘적 길을 나선다. 꼬불거리고 가파른 운중산 자락을 오른다
는 부담은 마음먹은 발걸음을 늘 주춤거리게 만들지만 잠시

숨을 고르게 가다듬고 차에 오른다. 이렇게 마음먹고 길을 나서는 이유는 운중산 자락 한 귀퉁이 수종사 삼정헌의 맑은 차 한 잔의 유혹 때문이다.

오백년 나이를 지닌 은행나무 아래서 올려다 본 하늘은 지상의 색이 아닌 듯 푸르게 청아하다. 잎은 다 떨어지고 앙상히 남은 가지 사이로 짙고 맑게 다가오는 하늘은 옛것과 현재의 것을 모두 다 품고서 바라보고 있는 나를 푸근히 감싸 안는다.

운길산 자락에 단아하니 자리 잡은 수종사는 어린 정약용이 글을 읽으러 자주 드나들던 소박한 절이다. 바위틈에서 떨어지는 물소리를 종소리라 여겨 이름을 수종사라 짓게 한 세조. 그는 이곳에 제대로 된 절을 짓게 하고 은행나무를 하사 하였으니, 바로 그 나무가 내가 올려다보는 하늘과 나 사이에 있구나.

다산 정약용의 생가는 수종사에서 멀지 않은 마재의 조용한

마을에 자리 잡고 있다. 그는 어린 시절 이 절을 도서관 삼아
자주 드나들었단다. 강진에서의 18년 유배생활 중에도 그는
이곳을 마음에 품고 있었을 터, 유배지에서의 생활을 마친 그
가 고향으로 돌아와 수종사를 다시 찾았을 때의 그 마음은 어
땠을지..

　다산 정약용과 그의 인연의 고리를 들여다보면 그 중심엔

차茶가 함께 했다는 걸 알 수 있다. 젊은 시절 진정한 스승을 찾아 헤매던 초의 선사는 유배 온 다산을 찾고는 '하늘이 해남에 어진 스승을 보냈다'며 그를 찾아가 가르침을 청했단다. 다산도 그의 범상치 않음을 한눈에 알아보았다니 그들의 만남은 가히 하늘이 맺어 준 인연인 듯하다.

정약용과 그의 아름다운 인연들, 제자 황상을 비롯하여 초의선사와 추사 김정희, 그리고 혜장 스님. 사람이 빚을 수 있는 아름다운 풍경이 이들의 인연 안에 진하게 스며 향처럼 피어오른다. 차로 이어진 이들의 삶에서 뿜어져 나오는 빛처럼 아름다운 그 인연의 풍경이 따스하다.

유배지에서 제자로 받아들인 황상. 다산이 귀양살이를 하며 제자를 여럿 가르쳤지만 그 중 머리가 둔해서 깨우침이 더디고 느렸던 황상을 그는 가장 아꼈다. 황상은 스승이 한마디를 던지면 그것을 평생 실천하기 위해 애 쓴 사람이다. 다산은 무척 꼼꼼하고 깐깐한 스승이었는데 그런 그를 묵묵히 견딘 제자는 황상 뿐 이었다. 그는 스승이 하는 말은 그대로 다 실천하며 거스르지 않았다. 단 한마디의 말도 흘려듣지 못하던 그는 스승의 가르침대로 죽을 때 까지 공부를 게을리 하지 않았다. 미천한 신분임에도 자족하며 욕심 내지 않았으며 공부의 본뜻을 삼키며 매 순간을 성실함과 부지런함으로 정진한 그다. 그의 시는 결국 많은 이들의 마음을 감동시키게 되었는데 그의 시를 읽다보면 한 잔의 차처럼 이내 마음이 차분히 고요해진다.

> 봄 떠나니 산은 문득 늙은 듯하고
> 구름 가자 바위는 가벼워진 듯,
> 소나무의 자태에 찬 뜻이 없고
> 대나무 기운 찬 정기 띠고 있구나.
> 가난해도 편안히 웃는다 하나
> 시 거칠면 좋은 이름 어이 얻으리.
> 아이에게 삼근의 가르침 주며
> 스승께 받자온 것 여태 행하네

– 산방에서 차 마신 뒤 – 황상

만년의 황상은 스승인 다산보다도 더 크고 넓은 사람으로 느껴질 정도로 큰 사람이 되었다. 부지런하고 부지런하고 또 부지런함. 다산의 이 삼근의 가르침을 거스르지 않았던 그의 우직함 속에 질박한 그가 보인다. 황상..

귀양살이 네 해째 다산은 백련사에서 천재라 불리던 학승 혜장 스님을 만나게 된다. 주역에 심취해 있던 혜장은 다산보다 열 살이 아래였지만 두 사람 사이의 학문적 토론은 벌어진 나이가 느껴지지 않을 정도로 잘 통했다. 둘의 만남은 급속도

로 가까워져 여러 통의 편지를 주고받으며 주역을 통한 학문적 만남을 지속하였다. 혜장은 다산에게 차를 권했으며 그를 통해 다산의 본격적인 차 생활이 시작되었다 해도 과언이 아닐 정도로 다산은 전보다 차를 더 가까이하게 되었다. 다산을 차에 제대로 입문하게 만든 혜장은 그의 거처에 제자를 보내 차 시중을 들게 하였다하니 다산을 향한 혜장의 깊은 정이 느껴진다. 다산은 그를 통해 육우의 「다경」을 빌려 읽고는 그 책에 심취하여 더 이상 차가 없는 생활은 생각할 수 없게 되었단다. 어느 날 차가 다 떨어지자 '걸명소乞茗疏'라는 시를 지어 혜장에게 보냈는데 이 시에는 차를 보내 달라는 장난스러우면서도 간절한 내용이 담겨있다. 그는 걸명소 외에도 차에 관한 46편의 다시를 남겼고 직접 다원을 가꾸기도 하였다.

강진에서의 유배생활은 혜장을 만난 이후 그 외로움이 서서히 걷히는 듯 했으나 그들이 만난 지 두해 만에 혜장은 갑자기

병을 얻어 세상을 떠나고 말았으니 뜻밖의 그의 죽음에 다산은 심한 충격에 빠져 그로인한 깊은 고독감은 유배생활의 잔인함을 또다시 쓰리게 해 주었다. 혜장은 그에게 먼 유배지에서 마음속 깊이 의지하던 소중한 벗이었으니 그를 잃은 슬픔에 허전함을 달랠 길 없던 그는 마음을 다스리며 저술에만 전념하게 되었고, 그의 대표적인 저서들은 이 시기에 많이 나오게 된다.

중국에 육우의 「다경」이 있다면 우리나라엔 초의선사의 「동다송」이 있다. 초의선사는 시와 글씨 그림 세 가지 모두에 천재적인 재주가 있던 스님이다. 그는 차에 대한 열정이 강했으며 직접 차를 제다 하는데 있어서도 탁월함을 보여 주었다. 초의 스님의 차는 맛과 향이 훌륭하여 한번 맛을 본 사람들은 꼭 다시 찾게 되었는데 아마도 그의 차를 가장 많이 마신 사람은 추사 김정희가 아닐까 싶다.

동갑내기 친구인 초의스님과 김정희는 불교와 유교의 대립적인 관계에도 불구하고 그 인연의 깊이는 깊고도 긴밀했다. 안동김씨에 의한 세도정치로 인해 김정희는 제주도로, 그것도 제일 험한 지역인 대정으로 유배를 가게 되고 그곳에서 8년 3개월이라는 기간을 병과 외로움과 싸워야했다. 그러나 그의

초의선사

추사 김정희

글씨체는 이 기간에 비로소 완성이 되었으며, 그 유명한 「세한도」도 이 시기에 그려졌으니, 다산도 그렇지만 추사에게도 유배생활은 외로운 자신과의 긴 싸움이긴 했으나 그들의 학문적 깊이와 예술의 혼은 더욱 깊어지는 시기가 아니었나싶다. 힘든 고난의 시간 속, 그들에게 단비 같은 차가 함께 했다는 것은 차가 주는 힘이 얼마나 대단한 것인지 새삼 일깨워 준다. 그들이 차를 계속해서 마실 수 있도록 차를 만들어 전해 준 사람은 바로 초의선사였다. 제주에 갇힌 추사를 찾아 온 초의 선

사의 방문은 추사에게 큰 힘을
보태 주었다. 그는 초의에게 명
선茗禪이라는 글씨를 써 주며 그
의 차에 대한 보답을 했는데 이
글씨는 추사 말년의 대작으로
현재 간송 미술관에 소장되어
있다. 추사는 초의가 만든 차에
대해 중국의 유명한 몽정차蒙頂茶
나 노아차露芽茶보다 덜하지 않다
며 차의 훌륭함을 글씨에 담아 보냈다. 추사가 초의에게 보낸
편지들을 읽다보면 차에 대한 사랑과 친구에 대한 깊은 정이
느껴진다.

　나이와 세대를 구분하지 않는 그들의 깊은 우정의 한 가운
데에는 그들을 하나로 모아주는 차茶가 있었으니, 거친 세월
속 지치고 힘들었을 그들의 시간을 위로해주던 차의 향기는
멈추지 않고 길고 긴 시간을 흐르고 흘러 앞에 놓인 내 잔에서
도 피어오른다.

... 인연 Ⅰ 정야송과 그의 인연들. - 2015 티블렌딩 대회 금상 수상작 '불 마중'

정약용과 그의 인연들.

봄, 마중 2015 티블랜딩대회 금상 수상작

다산과 추사의 유배생활처럼 힘든 시간을 보냈다고 감히 말할 순 없지만 내게도 마음이 고통으로 휩싸여 지내기 힘든 시간이 있었다. 사는 것은 시간이 지나면 지날수록 쉽지 않다고 느껴지고, 그 힘든 시간들을 헤치고 나아가다보니 어느새 거친 시간 속에 조금씩 단단해져가는 나를 발견한다.

참고 견디는 삶에 사람들은 인정과 존중을 함께 주지 않고, 거친 세상에 부딪혀 갑옷을 꺼내 입게 만든다. 가장 소중한 건 '내 안의 나'라는 사실을 깨닫지 못하고 바보같이 살았던 시간들이 아팠다.

어느 날, 예전 홍차 선생님으로부터 한 통의 단체 문자가 왔다. 우리나라에서 외국의 유명 티 마스터 분들을 모시고 일반인들을 상대로 첫 '티 블랜딩 대회'가 개최 되니 많은 분들의 참여를 바란다는 소식 이었다. 평소 같으면 큰 관심이 없었을 것이다. 그런데 그 문자를 받을 즈음의 나는 마음에 큰 상심이 있었고, 힘든 시간을 보내고 있던 터라 그 문자는 내게 특별하

게 다가왔다. 뭔가에 도전하고 새로운 일에 참여 한다는 것은 젊은 시절에나 하던 낯선 일처럼 다가왔지만 용기를 내 보고 싶었다. 한 없이 작아진 내면의 나를 어떻게 해서든 끄집어 내 보고 싶은 부축임처럼, 그렇게 시작된 티 블랜딩 대회의 준비로 마음이 바빠졌다. 어떤 구상으로, 어떤 주제로 블랜딩을 해 볼까? 원하는 차를 어떻게 구할 수 있을까? 차의 조합을 어떻게 하면 잘 맞출 수 있을까? 원하는 차를 구하는 것도, 차의 가격이 저렴하지 않은 것도, 그 과정 하나하나가 맘처럼 쉽지는 않았다.

국내 생산차를 60%이상 사용 하는 것이 대회의 조건이었다. 녹차로 베이스를 정하니 봄이 떠올랐다. 차의 컨셉은 '봄'이다. 얼었던 눈이 녹으면서 봄기운이 살랑이며 올라오는 기운을 표현하면 좋겠다는 생각에 차의 조합이 하나 둘 떠올랐다. 그동안 이런 저런 다양한 차를 마셔 온 경험은 이런 때 큰 도움이 되었으니 원하는 블랜딩을 조합하는 데는 그리 많은 시간이 필요하진 않았다. 주최 측에서 제시한 조건에 맞게 차를 준비하고 출품을 하고는 혹시나 하는 기대를 품고 기다리는 시간은 설레기까지 했다. 차 엑스포가 열리는 중에 시상이 있었는데 엑스포가 가까워져 와도 기다리는 소식은 오지 않고, 기대를 접어야겠다는 아쉬움의 마음이 진해질 즈음, 낯선 번호의 전화가 울려왔다. 수상을 하게 되었으니 참석을 해 달라는 당부와 어떤 상을 받는지는 수상 당일 날 확인할 수 있다는 기운 찬 목소리의 전화 한 통은 화사한 봄빛처럼 집안에 온기를 가져다주었다. 엑스포가 열리는 광주의 '김대중 컨벤션 센터'를 가기 위해 고속버스 예매를 하고나니 그제 서야 실감이 났다. 뭔가를 준비하고 집중을 하고 결실을 얻는다는 것, 참 오랜만에 느껴보는 뿌듯함이다.

당일 이른 아침, 남편과 고속버스를 타고 광주로 향했다. 컨벤션 센터에는 이미 많은 사람들로 북적거렸다. 이곳저곳에서 따스한 차향이 피어오르고, 차를 시음하는 사람들의 온기 가득한 미소가 여기저기서 배어나왔다. 수상식이 거행되는 자리를 찾아가보니 외국의 티마스터 분들의 특강이 진행되고 있었다. 호주, 터키, 일본, 싱가폴... 각국의 티 마스터들을 한 자리에서 뵙는 행운도 덤으로 얻게 되고, 강의가 마무리되면서 곧이어 수상식이 거행되었다. 대회는 티와 티, 티와 허브, 티와 향 이렇게 세 가지 분야로 나뉘어 진행이 되었다. 나는 이 중에서 티와 티 분야에 출품을 하였다. 행사 거의 막바지에 이루어진 개인 블랜딩 시상식. 동상에 이름이 불리지 않아 은상이려나 했는데, 은상에도 내 이름이 불리지 않았고, 사진을 찍어준다고 앞으로 나가 있던 남편이 앉아있는 나를 향해 엄지손가락을 치켜들며 미소를 보냈다. 설마 했는데 '금상'이다.

상을 받아 본 적이 언제였는지 기억도 희미한 나이. 내 이름으로 작은 뭔가를 해 냈다는 기쁨은 그간의 마음고생에 작은 보상을 받는 듯한 기분이 들었다. 그렇게 나만의 것이 된 '봄, 마중'. 이 차는 세상에 단 하나 뿐인 나의 차다. 내 인생의 봄을 마중하는 의미도 보태어졌을까? 뭔가를 시작하라고 내게 용기를 밀어 넣어 준 큰 선물로 여겨졌다.

햇살이 투명하게 맑은 어느 날, '봄, 마중'을 들고 수종사로 향했다. 삼정헌 맑은 물로 차를 우려보고 싶었다. 이르게 서둘러 가지 않으면 사람들로 북적일 그곳이라 사람들의 발길이 닿기 전에 도착하려 서두르니 내가 첫 번째다. 큰 창으로 두물머리 풍경이 한 눈에 들어오고, 아침의 안개가 엷게 퍼져있다. 굽이치며 비스듬히 흐르는 산세는 푸른 안개에 감춰져 흐리게 보이는 먼 산과 검푸르게 다가오는 가까운 산의 굴곡이 사이 좋게 포개져있다. 늘 앉던 자리에 자리를 잡고 뜨거운 물로 다구들을 예열하니 이곳이 내 집 인양 마음이 차분해진다. 가방에서 주섬주섬 찻잎을 꺼내 파릇한 봄의 기운을 열어본다. 뜨거운 물에서는 제대로의 맛을 낼 수 없는 녀석이 들어있으니 물을 숙우에 한 김 두 김 식힌다. 숙우에서 찰랑이는 물은 저 아래 고요히 흐르는 강물과도 닮은 듯 말없이 속삭이고, 우린 수색은 봄의 빛을 모두 모아 담아놓은 듯 노란 빛을 띠고 차분히 앉아있다.

이 순간 여러 가지 생각이 스친다. 산다는 것. 사람들과 함께 어울려 산다는 것. 사는 게 어렵고 힘들다는 건 결국 사람들과의 관계가 쉽지 않다는 것을 의미하고, 지혜롭게 산다는 것이 어떤 것인지 내면의 내게 되묻게 된다. 창 아래 흐르는 두물머리 강물은 세월을 거스르지 않고 저렇게 두 줄기의 강물이 만나 하나로 흐르고, 발아래 푸르게 솟아있는 우뚝한 저 나무들은 세월 속에 푸르게 자기 자리를 지키며 묵묵히 서있으니, 주어진 생을 열심히 저어가며 흐르는 자연을 보며 마음에 새기듯 인생을 배운다.

이렇게 또 기다리는 봄은 오고..

셴 리큐 (千利休)

도요토미 히데요시 (豊臣秀吉)

셴 리큐. 조선을 사랑했던 이 남자. 도요토미 히데요시의 차 선생으로 평생을 그 옆에 머물렀지만 그를 경멸했던 이 남자. 일본을 손아귀에 넣고 쥐락펴락 했던 도요토미 손에 끝내 잡히지 않았던 이 남자. 결국 그는 도요토미로부터 할복의 명을 받는다. 그러한 명을 내리면서도 잘못했다는 용서를 구하면 살려주겠다는 강한의지를 함께 내 보냈지만 리큐 선생은 이에 굽히지 않았고 그 명을 받아들여 생을 마감한다. 그가 죽어 마땅한 이유가 무엇이었을까?

다완에 독을 타서 도쿠가와 이에야스를 독살 하라고 리큐에게 명을 내리지만 히데요시는 리큐가 그 명을 받아들이지 않을 것을 짐작하고 있었다. 결국 리큐에겐 죽음 밖에 남지 않았다. 죽음 앞에서 흔들리지 않는 신념으로 할복의 명을 받아들인 그의 죽음이 히데요시의 남은 생에 어떤 파장을 미쳤을지...

리큐는 죽기 전까지 임신왜란을 일으키려는 도요토미의 의지를 꺾으려 부단히 노력했다. 조선 침략에 대한 그의 반대는 도요토미의 미움을 사게 만들었지만 그 미워하는 마음의 이면을 들여다보면 도요토미의 마음은 그를 향한 질투심과 열등감으로 범벅이 되어있음을 알 수 있다.

오카쿠라 텐신이 쓴 「차의 책」을 접하며 센 리큐 선생을 만났다. 100여 년 전에 영어로 쓰여진 이 책은 일본의 다도를 중심으로, 서구 열강의 잘못된 동양 문화에 대한 인식을 바로잡기 위해 쓰여졌다. 도교와 선을 기조로 한 차 문화가 어떤 역사를 품고 흘러왔는지, 일본의 다도는 어떤 문화적, 예술적 가치를 지니고 있는지 차분하고도 강하게 어필하는 그 중심에 센 리큐 선생이 등장한다. 그와의 인연은 그렇게 시작되었다.

아름다움의 미가 저절로 그러함... 이것이 리큐 선생이 추구하는 미의 근본이다. 아름다움을 추구하되 전혀 자연을 거스르지 않는 정성된 노력. "흐르는 것은 저러 하구나..." 강물을 바라보며 공자가 한 말이다. 더 이상의 표현이 필요치 않은 군더더기 없는 자연스러움에 깊은 울림이 더해진다. 자연이 전해주는 울림을 언어로 모두 표현하기란 불가능한 일처럼, 흐르는 것은 그저 저렇게 흘러가는 구나. 라고 더 이상 말을 붙이지 않았던 공자의 그 마음을 리큐 선생의 마음에서도 엿보게 된다. 자연스러움으로, 가장 자연에 가깝게 표현하려 했던 리큐 선생의 다도는 내면에 품고 있는 마음이 그대로 흘러나와 다도를 예술의 경지에 도달하게 만들었다. 그의 손길이 한번 스치는 것에 따라 다실 안은 공기마저 달라졌고, 소박한 물건이었던 것도 예술의 미를 갖추게 되니 그런 그의 미의 경지에 대한 사람들의 동경은 결국 도요토미의 질투심을 크게 자극했다. 소박함 속에서 우러나는 미의 절정을 센 리큐 선생은 와비다도[8]로 완성한다. 화려함의 극치를 달리던 서원차(書院茶)의 병폐에 맞서 간소함과 소박함으로 '선(禪)'사상에 기초한 다도를 만든 무라타 주코(村田珠光 1423-1502)의 와비사상은 다케노 조오(武野紹鷗 1502-1555)를 거쳐 센리큐(千利休 1522-1591)에 의해 마침내 집대성된다. 이러한 영향은 중국의 기물과 함께 화려한 차 생활로 사회적 신분을 과시하려했던 그 당시 무사들과 상업 자본가들의 괴시욕을 점차 잦아들게 만들었고, 와비차를 통해 내면과 정신세계의 중요성을 살피게 되면서, 다도에 있어서의 소박하고 간결한 미는 점점 더 내면으로 향하는 길을 열어 주게 되었다.

一期一会 (いちご いちえ. 이치고 이치에), 이것은 일생에 단 한 번의 만남이라는 뜻이다. 리큐선생은 차를 대접하는 마음이 일생에 단 한번 뿐 이라는 마음으로 주어진 행다에 최선을 다했다. 정성스런 마음으로 주인이 우린 차와 대접받는 손님의 마음은 하나가 된다. 이것이 다도의 근본이라 리큐 선생은 말한다. 그런 그의 소박한 다도정신을 가장 잘 표현해주는 다완이 조선의 막사발로 불리는 이도다완(井戶茶碗)인 것은 우리의 자부심을 곧추 세워준다. 막사발을 빚는 그 순간에도 온 마음의 정성으로 가장 자연스러운 이름다움을 빚어낸 우리 도공들의 숨결을

---

8) 고독과 빈곤을 견디며 속세를 체념하는 것을 의미하는 와비 정신을 소박한 차실에서 진지하게 차를 대접하고 나누는 가운데에서 구현하고자 한 것이다.

리큐 선생은 알아본 것이다. 그 흉내낼 수 없는 자연에 가까운 아름다움, 리큐 선생의 눈에 소박함과 고상함의 품격이 함께 하는 조선의 이도다완은 그가 추구하는 다도 세계에 정점을 찍는 다기였다. 소박함속의 고귀한 미는 시간의 덧칠에도 바래지 않고 빛을 발하는 아름다움이 배어있다.

도요토미 히데요시가 손에 넣고 싶어 했던 조선의 이도다완. 오노 겐이치로는 임진왜란을 '도자기 전쟁'이라고 표현하는데 실제로 임진왜란 이후 히데요시는 도공밖에 없던 일본에 조선의 사기장을 끌고가 우리의 자기 기술을 일본에 뿌리내리게 했으며 이도다완을 손에 넣으려 부단히 노력했다. 물질적인 화려함에 눈이 먼 히데요시가 이도다완의 아름다움을 보는 눈이 있었을까 하는 의심이 드는건 오사카 성에 있는 그의 황금다실을 보며 확신하게 된다. 리큐선생이 최고로 여기던 다완이니 갖고 싶었을 뿐 아마도 히데요시는 죽는 그 순간까지도 그 고결한 미의 세계를 알지 못했을 것이다.

야마모토 겐이치의 소설 「리큐에게 물어라」를 보면 도요토미 히데요시가 너무도 갖고 싶어 하던 리큐의 녹유향합이 나온다. 이 향합은 리큐가 늘 몸에 지니고 다니던 것으로, 그 향합의 주인은 조선여인이다. 이미 이 세상 사람이 아닌 여인.

Tea House,
Kitagawa Utamaro,
1754-1806

리큐 선생이 평생 동안 마음에 품었던 사랑하는 여인의 녹유 향합과 그 감추어진 사연을 히데요시는 밝혀내고 싶어 했으며, 또한 자신이 그 향합의 주인이 되길 원했지만 리큐 선생은 끝내 그것을 마음 밖으로 꺼내지 않았다. 마음속 깊이 품고 있는 한 여인에 대한 사랑의 깊이가 진하게 느껴졌다. 소설이지만 소설 같지 않은, 그래서 더 믿고 싶은 이야기다. 글에서도 드러나는 히데요시의 텅 빈 미의식은 예술로 채울 수 없는 그 자리에 욕심만이 그득하다.

물질과 정신세계를 극명하게 갈리게 하는 히데요시와 리큐 선생, 이 두 사람의 다도에 대한 마음의 방향은 이 둘의 내면을 여실히 보여주고 있다. 천박한 도요토미의 눈에 고결함과 아름다움의 대상이었던 그의 차 스승은 그렇게 그의 눈 밖에 나면서 리큐는 마지막으로 준비된 찻자리에서 할복을 하게 된다. 그는 할복으로 생을 마감하였지만 그의 혼이 담긴 다도 정신은 수많은 시간이 흐른 지금까지도 그대로 전해져오고 있다.

고요한 정신세계를 중시한 리큐 선생의 차를 대하는 마음은

Toshikata Mizuno 1866~1908

Toshikata Mizuno 1866~1908

어지러운 현실 속에서 중심을 잡아 나가게 하는 힘이 되어준다.

고운 초록의 부드러운 말차를 다완에 넣고 뜨거운 물을 부어 차선으로 격불[9] 할 때면 고요함으로의 집중 속에서 어지러운 현실을 잠시 잊을 수 있는 여유를 갖게 한다.

화려함과 물질적이며 향락적인 것에 매료되어있던 도요토미 히데요시의 기교의 다도는 이 세상사 어디를 가도 볼 수 있는 풍경이다. 더 가지려하고 더 보이려 하는 사람들, 그 안의 심리는 누구에게나 한 자락씩 품고 있는 것이지만 욕심이 지나쳐

---

9) 솔처럼 생긴 차선을 이용해 차에 거품을 내는 행위

남의 것도 제 것으로 삼으려 하는 자들을 보면 세상을 향한 마음은 조금씩 닫히고 만다.

차분히 마음을 가라앉히고 리큐 선생의 소박하고 질박한 와비다도의 마음을 새기면서 고요한 정신세계로 향하는 그의 행다를 상상하면 이 질풍노도의 삶을 휘적휘적 걸어 나갈 힘을 얻는다.

센 리큐
도요토미 히데요시

말차 우지 삼성원

일본의 다도는 크게 두 가지로 나뉜다. 고운 가루를 격불해서 마시는 '차노유 茶の湯'와 찻잎을 우려서 마시는 '전다도 煎茶道'가 있다. 보통 일본의 다도라 하면 차노유를 말하는데 이 일본의 말차[10]문화는 유일하게 일본에만 존재한다. 하

---

10) 햇차의 새싹이 올라오면 약 20일간 햇빛을 차단하고 재배한 찻잎을 증기로 쪄서 만든 차를 맷돌로 갈아 미세한 분말로 만든 녹차.

지만 일본에서 생겨난 문화는 아니다. 차가 중국에서 전해져 왔듯이 이 휘저어 마시는 차 문화 역시 중국에서 흘러들어갔다. 송나라 시절 중국인들은 찻잎을 가루로 만들어 격불 해서 마시는 것이 유행이었고, 누가 더 거품을 곱게 만드는지 시합도 하였다. 송나라 때 그림 투다도鬪茶圖를 보면 그 사실을 알 수 있고, 그 시대 만들어진 검은빛 천목다완을 보면 그 당

鬪茶圖

시 중국인들의 차 문화를 엿볼 수 있다. 우리나라도 고려시대에는 이렇게 휘저어 마시는 차 문화가 존재했었다. 명전茗戰이라 하여 주로 승려들 사이에서 행해진 차 시합은 차의 맛을 평하고 겨루는 일종의 유희였다. 이 승부는 차 거품이 곱고 흰빛을 선명하게 띠어야하며 그 거품이 오래 버티면서 풀어지지 않아야 이기는 것이다. 이렇듯 고려시대에는 말차문화가 궁중과 절을 중심으로 발달했다. 이러한 차 문화는 일본보다 3세기를 앞선다고 학자들은 이야기한다. 그러나 송나라와 고려시대에 존재했던 말차 문화는 아쉽게도 중국과 우리나라에서는 모두 사라져 버렸다. 마치 일본에서 처음 존재했고 지금까지

이어져 내려오는 양 그들의 고유문화로 남아있다. 중국은 몽골의 침입으로, 우리나라는 임진왜란의 영향으로 이러한 차 문화는 모두 소멸되었고, 그 아쉬운 마음은 박물관에서 당시의 다기들을 보며 허한 마음을 달랠 뿐이다.

말차문화의 맥이 이어지고 있는 일본을 찾았다. 교토는 매력적인 곳이다. 옛것의 아름다움이 깊게 배어있고 일본 특유의 정서가 곳곳에서 묻어난다. 교토에서 전철을 타고 25분 정도 가면 녹차로 유명한 우지시宇治市가 나온다. 일본의 녹차산지로 유명한 이곳은 일본 내에서도 가장 품질 좋은 녹차를 생산하는 곳이다. 다도의 기본인 말차의 고운 거품을 만들기 위해서는 좋은 찻잎을 사용해야하며 사람들이 이곳 우지를 주목하는 이유도 여기에 있다. 섬유질이 적은 어린 싹을 사용해야 말차의 거품이 더 곱게 만들어지고 잘 가라앉지 않는다. 우지의 녹차상점에서 파는 말차 가격은 저렴한 것에서부터 상당한 가격을 자랑하는 것까지 천차만별인데 어린 싹의 함유량에 따라 가격이 나뉘었음을 알 수 있다.

말차체험을 하고 싶어 역사가 오랜 삼성원에 들어섰다. 대표가 직접 나와 사진과 모형들을 보여주며 하나하나 꼼꼼히 설명을 해 주었는데 그 자신 있는 목소리에 조상대대로 내려오는 그 일을 무척 사랑하는 마음이 느껴졌다. 가마에 차를 싣고 천황에게 차를 진상하던 모습을 모형으로 만들어 놓은 것을 가리키며 자신의 몇 대째 할아버지 모습이라며 말씀 하실 땐 소년 같은 뿌듯함과 함께 장인정신의 투철함도 엿보였다. 작게 만들어 놓은 박물관을 둘러보고, 이어서 본격적인 말차 체험을 시작하였다. 초록의 싱그런 기운이 가시지 않은 찻잎을 맷돌 한 가운데 넣고 원을 그리듯 갈면 연둣빛 고운 가루가 조금씩 조금씩 밀려 나온다. 그 가루를 따로 분리해서 예열된 다완에 덜고 물을 부어 차선[11]으로 격불을 하면 크림처럼 부드러운 연두 거품이 생기기 시작하고, 거품이 자잘해질 때까지 곱게 만들면 한 잔의 말차가 완성 된다. 이 격불 하는 솜씨에 따라 말차의 맛에 차이가 나는데 격불하는 모습만 보고도 어느 정도의 내공인지 알 수가 있다.

내려오는 전통과 문화를 소중히 여기고 자부심과 함께 잘 보존해 나가는 그들의 차를 향한 진지하고도 겸손한 마음은 고운 초록빛 말차를 품은 다완에 고스란히 담겨 어지러운 세상에 섞이지 않고 내면의 고요 속으로 향한다.

말차는 우려 마시는 차와는 달리 잎을 온전히 섭취하는 것이라 카페인의 양은 조금 더 많지만 찻잎을 우렸을 때 추출되

11) 가루차를 젓는 데 사용하는 대나무로 만든 도구

… 인연 | 센 리큐, 도요토미 히데요시 – 우지 상생원 '말차'

지 않는 영양소를 100% 섭취할 수 있다는 장점이 있다. 카페인에 대한 고민을 할지, 영양적 효능을 더 고려할지는 말차를 마주할 때마다 따라오는 숙제 같은 일이다.

아침에 눈을 떴을 때 뭔가 개운치 않은 찌뿌둥함에 몸과 정신이 흐릿한 날이 있다. 이런 날은 따뜻한 홍차보다도 먼저 연둣빛 고운 말차 한 잔의 유혹이 앞선다. 말차를 꺼내고 다완[12]을 준비해 농밀한 말차 한 잔을 준비해본다. 차 봉투를 열면 미세하게 고운 가루가 드라이아이스에서나 나올법한 고운 연기처럼 순간 피어오르고, 피어오른 그 무늬가 어디론가 사라진 그 자리에 차분히 앉아있는 연두색 가루의 그 고운 정체가 살포시 드러난다. 다완에 차선을 올리고 뜨거운 물로 예열을 한 뒤, 차선을 한쪽으로 꺼내놓고 다완을 들어 그 온도를 양손으로 느끼며 천천히 한바퀴 돌리면서 잠든 다완을 깨운다. 다완에 남아있는 물을 다건[13]으로 닦아내고 차시[14]를 이용해 말차 가루를 두 번 다완에 덜어 넣고 다완 안쪽을 향해 뜨거운 물을 조금 부은 뒤 뭉쳐있을 가루를 차선으로 살살 풀어준다. 어느 정도 가루가 풀리면 물을 더 넣고 본격적인 격불을 하는데, 격불을 하다보면 점점 옅어지는 연두색 크림거품에 이내

....

12) 차를 마실 때 사용하는 사발, 찻사발
13) 면이나 무명으로 만든 작은 수건, 차수건
14) 차를 떠서 옮기는 다도구. 차척이라고도 한다. 찻숟갈

마음이 부드럽게 이완된다. 고운 말차 한 잔이 완성된 다완을 두 손으로 받쳐 들고 한 모금 넘기면 어느새 찌뿌둥했던 몸과 마음에 반짝이는 생기가 돈다.

화경청적(和敬淸寂)15)의 정신을 강조하는 리큐의 다도를 마음에 새기며 세상의 어울림에 조화로움을 얹을 수 있는 나를 향하는 길 위에 서본다. 그 조화로움에 맑은 마음으로 존중과 배려를 잊지 않는지, 늘 고요함에 머무르고 있는지를 되물으며 천천히 새기듯 그 길을 걷는다.

차향이 물든 도시 우지..

거리 어느 곳을 지나도 녹차 향이 가득하고 진한 초록의 기운이 싱그러웠던 지난 여행의 기억은 소박함과 고결함이 한데 어우러져 나서지 않는 겸손함으로 조용한 그 도시의 마주치는 사람들의 소박한 미소로 기억에 오래 머물 것 같다.

....
15) 화합하며 공경하고 청정하며 고요한 마음 이라는 뜻으로, 다도의 근본 철학이다.

Pieter Gerritsz van Roestraten,(1630-1700)

인연
II

Harney & Sons | Queen Catherine |
Upton Tea | Namring Upper 1st Flush
| Mlesna | Loolecondera | Lipton Tea |
Extra Quality Ceylon | Harney & Sons |
Assam Golden Tips | Kusmi | Anastasia

중국에서 기원전부터 마시기 시작한 차가 유럽으로 흘러 들어가기 시작하면서 유럽 사람들에게 이전에 없던 차 문화가 일상에 자리 잡기 시작했다. 이 한 잔의 차는 이들의 굳어진 영혼마저 움직이게 하는 따스하면서도 강한 힘을 가지고 있었으니, 이 작은 움직임은 결국 세계를 뒤흔드는 결과를 초래하게 되었다. 이럴 때 차의 힘은 마력과도 같게 느껴진다. 차에 집착하는 그들의 기운은 역사에 굵직굵직한 생채기를 그어내며 흘러갔지만 차의 따스한 온기만큼은 차갑게 식을 줄을 모르고..

퀸 캐서린

Queen Catherine (1606–1705)

Queen Catherine

오늘도 난 혼자다. 궁정 사람들은 나를 기웃거리기만 할뿐 그 누구도 선뜻 내게 다가오지 않는다. 저마다 한 번씩 힐끗 거리는 그 눈빛이 나를 또 한 번 주눅 들게 만든다. 아이를 유산한 것이 벌써 세 번째다. 찰스는 더 이상 내게 기대를 하지 않는 눈치다. 그에게 새 정부가 생겼다. 처음 느꼈던 상실감과 질투심은 이제 더 이상 나를 괴롭힐 힘마저 잃은 건지, 그의 정부들에게도 무관심하게 된다. 오늘도 의회에서는 찰스에게 이혼을 요구하고 있다. 그가 나와의 이혼을 거부하는 이유는 뭘까? 힘들지만 잘 견디고 버텨야한다. 포르투갈의 평화와 안정을 짊어진 무게가 이쯤이라면 달게 받아들여야겠지... 오늘도 한 잔의 차에 위로 받으며...

Catherine

Charles II

퀸 캐서린이 하루하루 그 날의 일기를 썼다면 그중 한 페이지엔 어쩜 이런 글이 담겨 있지 않았을까? 국왕의 딸로 태어나 공주로 사는 삶, 그리고 다른 나라의 왕비가 되어 살아온 그녀의 인생은 보이는 화려함 뒤에 감춰진 서늘함이 어두운 그늘로 먼저 다가온다. 포르투갈의 공주로 태어나 먼 영국 땅에서 삶의 대부분을 보낸 캐서린 왕비는 거부할 수 없는 운명처럼 숨 막히는 인생을 받아들여야 했다.

사랑 없는 결혼을 신의로 지킨 여자. 홍차를 통해 영국의 역사 여행을 하다보면 맨 먼저 만나게 되는 여인이 퀸 캐서린이다. 알코올로 찌든 영국을 한 잔의 홍차로 따뜻하게 덥혀준 여인. 그녀가 찰스2세에게 시집오면서 챙겨온 홍차 꾸러미는 궁정 사람들에겐 낯설고도 멋스러운 물건이었다. 그녀가 다구들을 꺼내놓고 뜨거운 물을 부어 차를 우려 마실 땐 모두들 기웃거리며 그 우아한 모습을 동경했겠지. 그녀의 이런 우아한 모습은 궁정사람들에게 티타임 이라는 작은 여유를 선사했고 차와 마주하는 시간은 그들에게 유행처럼 퍼지게 되었으며 서서히 서민들에게까지 퍼져 마침내 홍차는 영국의 국민 음료가되었다.

캐서린 왕비는 남편 찰스2세의 바람기에도 불구하고 평생그에 대한 애정을 품고 살았다. 찰스2세는 정부를 많이 둔 왕으로도 유명한데 정부들 가운데서도 악명이 높았던 캐슬마인 백작부인으로 인해 캐서린 왕비는 마음고생이 심하였다. 캐슬마인을 왕비의 수석시녀로 두려는 왕의 결정에 언짢아했다는 이유만으로 왕비가 데려 온 시녀들은 모두 포르투갈로 쫓겨나게 되었고, 왕비의 외롭고 힘든 궁정생활은 더욱 가혹해졌다. 그러나 캐서린은 인내하고 견디며 순종하였으니 그 마음을 깊이 느낀 걸까? 바람둥이 찰스2세도 점점 그녀의 마음을 존중하게 되었으며 결국 그녀는 남편으로부터 존경과 애정을 얻어

내었다. 캐서린에게 왕비의 예우를 갖추기 시작한 찰스2세를 두고 신하들은 국왕이 왕비라는 새로운 정부를 들였다고 하는 말까지 퍼졌단다. 말도 통하지 않는 낯선 나라에 시집와 평생을 주위 사람들의 냉대 속에서도 마음의 온기를 잃지 않았던 캐서린은 안으로 파고드는 고독과 슬픔을 인내와 헌신으로 승화시켰으며 결국 찰스2세의 존중과 인정을 받아내었다.

1685년 2월, 찰스2세는 죽음을 눈앞에 두고 있었다. 그녀는 죽어가는 남편 앞으로 쪽지 한 장을 보냈는데 거기엔 이런 글이 담겨 있었다고 한다. '자신의 존재가 그의 인생에서 괴롭힘을 주었거나 불쾌했다면 용서해 달라는...' 나는 이 내용을 읽는 순간 마음이 너무 아려왔다. 한 사람의 애정과 사랑을 기대하면서도 그 마음을 감춘 채 숨죽여 바라보기만 하고 차가운 가슴을 쓸어내리며 살아야 했던 한 가여운 여인이 내 마음에 와 닿았기 때문이다. 캐서린이 머물던 궁전은 그녀에게 흡사 얼음궁전과도 같이 차가운 곳이었으리라. 그 어떤 화려함도 그녀에게 돌같이 차갑게 느껴졌을 테니 말이다. 이 메시지를 받은 찰스2세는 '이 가여운 사람.. 내게 용서를 구하다니.. 온 마음을 다해 그대에게 용서를 빌겠소.'라고 답했단다.

영국 국민들로부터, 의회로부터 사랑받지 못했던 왕비 캐서린. 찰스2세가 죽자 그녀는 다시 포르투갈로 돌아가 남은 생을 신앙과 차의 힘으로 버티지 않았을지.. 그녀에게 삶의 큰 버팀목이 되어주었던 카톨릭 신앙으로 그녀는 여생을 홀로 기도 생활을 하며 마무리 했다고 한다.

Joseph Van Aken, 1725

영국에 홍차 씨앗을 던져 준 포루투갈 여인, 캐서린 브라간자. 힘겨웠던 그녀의 삶을 위로해 준 한 잔 의 차는 많은 영국인들에게 따스한 위로의 차로 번져 지치고 힘든 이들의 시간을 보듬어 주었고, 지금도 여전히 영국인들의 영혼의 음료다.

퀸 캐서린

하니 앤 손스 Harney & Sons
퀸 캐서린 Queen Catherine

우연히 미국의 하니 앤 손스에 캐서린 왕비 이름으로 블랜딩 된 차를 발견 하였다. 이런 순간 평소 같지 않게 두 눈은 반짝거리고 차를 주문하고 기다리는 시간은 지루하게만 느껴진다. 어떤 블랜딩으로 구성되었을지, 호기심 가득한 마음으로 차가 도착하기까지 더딘 시간에 잠시 투덜거려본다.

주문한 홍차가 도착하던 날, 반짝거리던 눈에 더한 생기가

돈는다. 블랙틴에 금빛으로 장식된 사각틴은 고급스러움이 한 층 더 도드라지고, 앞면 위쪽에는 반가운 퀸 캐서린의 얼굴이 자그맣게 새겨져 있다.

물이 끓는 동안 틴을 열어 찻잎을 덜어낸다. 알록달록 사탕이 든 것도 아닌데 뭐가 그리 궁금한지 새로 틴을 개봉할 때는 어린아이 같은 심정이 된다. 뚜껑을 여니 가지런한 검은 찻잎들이 소복이 쌓여있다. 길쭉길쭉한 찻잎 사이로 골든팁16)도 드문드문 섞여있다. 이 차는 중국의 기문, 운남, 반양 지역의 찻잎들로 구성되어있다. 모두 중국 종으로만 구성한 특별한

---

16) 황금색을 띠는 팁(tip:가지 끝의 새싹)부분. 단맛이 특징이다.

이유가 있을 것 같은데, 이 차를 블랜딩한 티마스터의 숨은 의도가 궁금해지기 시작했다. 찻잎을 꺼내 펼쳐놓고 이런저런 상상의 날개를 펼친다. 찻잎들을 보고 있는 시선 사이사이로 향이 차오른다. 깊고도 농밀한 다크 쵸컬릿을 연상시키는 향을 선두로 여릿한 난향도 슬쩍 스친다. 향에 취해 넋 놓고 감상하다보니 물이 끓는 소리가 요란하다. 뜨거운 물을 티팟을 향해 세차게 부으니 찻잎에 갇혀 얌전히 숨죽이고 숨어있던 향들이 일제히 날개를 펴고 날아오른다. 3분을 알리는 알람 소리에 예열된 두 번째 티팟으로 다시 옮겨 찻잎을 걸러낸다.

이렇게 차를 마시는 내 모습을 보며 간혹 귀찮지않냐고 묻는 이들이 있다. 티팟을 두 개나 사용해야 하니 설거지도 늘어나고 그 모든 준비절차가 귀찮지 않은지 말이다. 사실 처음 차를 마시기 시작할 때는 다구들을 예열하는 번거로움도, 티팟을 두 개 사용하는 것도 가볍게 다가오진 않았다. 귀찮을 땐 티백이나 티색[17]을 이용하여 티팟 하나로 해결하기도 했지만 그렇게 차를 마시면 영 마뜩치가 않았다. 이젠 제법 손에 익어서 그런지 제대로 준비를 하고 차를 우리는 순간 하나하나가 즐거움으로 다가온다. 차를 고르고, 찻잔을 고르고, 다구를 예열하고, 찻잎이 티팟 안에서 점핑이 되는 순간 하나하나가 말이다.

---

17) 잎차를 덜어내어 우리는 간편한 차 주머니

우려진 차를 잔에 따르니 수색이 진하게 맑다. 순간 기문의 향이 스친다. 원래 기문은 고운 도련님의 이미지가 떠오르듯 기품 있게 느껴지지만 이 녀석은 고생 많이 한 도련님이랄까? 원래 고귀한 태생이나 이런저런 세상사에 삶이 고달프게 지쳐버리고 산전수전 다 겪고 나서 심신이 모두 지쳐버린 그런 도련님처럼 말이다. 퀸 캐서린 이라는 이름만 보고 누군가 달콤한 꽃 향이나 과일 향을 상상했다면 무척 당황스러울 것이다. 이 녀석은 묵직한 기문의 향에 거친 듯 그슬린 탄 향이 사이사이 배어있고, 그 사이를 비집고 올라오는 난향은 여리게 흐리다.

이 모든 향은 캐서린 왕비의 지친 삶을 대변하듯 고스란히 담겨 말없이 지난 시간을 속삭인다. 낯선 나라에서 왕비라는 이름으로 살아간다는 것. 누구 하나 위안이 되어주는 이 없이 홀로 외로움과 고독과 마주한다는 것. 애정을 품은 채 상실감으로 하루하루를 견뎌야 한다는 것.. 그녀의 힘겨운 삶을 이 한 잔 의 차에 모두 담은 티 마스터의 노고에 박수를 보내고 싶어졌다. 이 차는 그녀가 살아온 지친 삶의 무게를 고스란히 담고 있다.

로버트 포천

Robert Fortune (1812-1880)

Robert Fortune

1800년대에도 007은 있었다? 이 스파이는 영화 속 인물이 아닌 실존 인물이다. 소박한 삶을 살며 나무와 꽃을 가꾸기 좋아했던 평범한 원예사 로버트 포천. 나는 그를 왜 007이라 표현하는지, 그의 모험은 목숨을 담보로 한 도박이었다.

정부의 역할까지 할 정도로 세력이 컸던 동인도회사는 1800
년대 중반 조금씩 위기에 몰리게 되자 중국의 차 씨앗과 제조
법을 알아내 인도에서 차를 재배할 궁리를 하게 되었으며 그
일을 할 적임자를 찾고 있었다. 그것은 인류 역사상 최대의 절
도를 감행할 스파이를 만들 궁리였던 것이다. 이것은 그 어떤
영화보다도 스릴 넘치는 영화 같은 일이며, 흥미진진한 소설
같은 이야기다. 이 일의 적임자로 선택된 사람은 스코틀랜드
사람 로버트 포천이다. 그는 이 일의 의뢰를 받고 흔쾌히 받아
들였을까? 그의 깊은 고민이 느껴진다.

이번 일은 중국에 가서 식물 연구를 했던 때와는 다르다. 그
당시에도 해적들에게 붙잡혀 목숨을 잃을 뻔한 적이 한 두 번
이 아니지 않은가... 이건 그런 위험과는 상대도 되지 않는 위
험천만한 모험이다. 목숨을 내 놓고 해야 하는 일. 게다가 일
을 잘 성사시키지 못할 경우 동인도 회사로부터 어떤 질책을
받을지도 모르는 일인데, 과연 이 일을 받아 들여야 하는 걸
까? 하지만 의학학위가 없는 내가 이 나라에서 성공한 신분
이 되려면 한번은 넘어야할 산이 아니던가. 내가 아니면 이
일을 또 누가 한단 말인가. 나만큼 중국을 잘 아는 이도 없을
것이고, 또 나만큼 식물을 잘 이해하는 이도 없을 것이니...
운명처럼 찾아온 일, 받아들이자.

그가 동인도회사로부터 은밀한 제안을 받고 고민에 빠졌을 모습을 한번 상상해 보았다. 목숨이 위태로울 수도 있는 일에 그는 선뜻 용기가 나지 않았을 것 같다. 밤새 뒤척이며 고민했을 그의 고단한 모습이 그려지고, 그의 수첩 어딘가엔 고민어린 이런 메모가 적혀져 있지 않았을는지..

아편전쟁(1840)이 일어나고 공황상태에 빠진 중국. 세계의 중심이라 여기던 그들의 자존심은 하루아침에 무너지고 말았다. 영국은 이 전쟁의 성과로 100년 동안 개방하지 않았던 중국의 항구를 다섯 개나 개항하게 만들었지만 중국인들은 영국인들에게 광저우 만을 자유로이 접근할 수 있도록 허용하였고, 이곳에서 영국인들은 차의 씨앗과 묘목을 몰래 가져가 식민지 인도의 여러 지역에 나눠 심었다. 그러나 이곳 광저우의 차는 품질이 좋지 않았다. 중국인들이 그렇게 호락호락 하진 않은 것이다.

아편전쟁의 성과로 영국은 중국에서 차를 공급받는데 더 유리해졌지만 이들에겐 한 가지 두려운 점이 있었다. 영국의 식민지 인도와 기후가 비슷한 중국의 어느 지역에서 중국인들이 아편을 직접 재배한다면? 중국이 아편재배를 스스로 합법화시킨다면? 그렇다면 더 이상 자신들의 아편이 필요 없어질 테고 그러면 인도에서 재배한 아편은 다 어디다 팔아치운단 말인가. 그리고 영국인들은 또 비싼 값을 치르고 중국으로부터 차를 수입해야 하겠지. 그런 두려움에 그들은 중국의 다원을 통째로 인도로 옮겨가고 싶은 욕심에 사로잡히게 되었다.

광저우에서 몰래 들여간 묘목은 인도의 다른 지역에서는 거의 실패 하였지만 히말라야 산자락에서는 쑥쑥 자라 제법 훌륭한 차나무로 성장했다. 그러나 이 찻잎으로 만든 차는 맛과 향이 중국에서 들여온 차와는 상대도 안 되게 형편없었다. 특히 차에서 향이 많이 부족했다. 그 이유는 앞에서도 말했듯 광저우산 차는 중국에서도 품질이 떨어지는 차였기 때문이다. 게다가 제다방법도 엉성했던 것이다. 영국인들은 다급해졌다. 그들은 최상의 씨앗과 묘목을 중국으로부터 들여와서 히말라야 산자락에 심어 최고 품질의 차를 만들어야 한다는 생각에 사로잡혀 있었고, 또한 그들의 차를 만드는 기술을 전수받아야 한다는 생각으로 혈안이 되 있었다. 그로써 더 이상 중국에 은을 갖다 바치지 않고도 값싼 인도의 노동력으로 차를 재배해서 질 좋은 차를 언제든 마실 수 있는 꿈을 꾸고 있었으니 영국인들의 이 꿈은 과연 실현될 수 있을까? 이 어마어마한 일을 누가 해 낼 수 있으려나.

로버트 포천은 훌륭한 식물학자가 되고 싶었다. 그러나 그는 신분이 낮고 의학학위가 없었다. 그 당시 식물학자가 되려면 원예 자격증 말고도 의학학위가 있어야했다. 학위는 없었지만 그에게는 야망이 있었고, 식물을 키우는 데 남다른 재능이 있었다. 의학학위만 없었을 뿐 그는 타고난 식물학자였다. 식물을 알아보는 눈, 키우고 관찰하는 능력이 뛰어났으며 관찰한 것을 꼼꼼하게 정리하는 능력까지도 뛰어났다. 그리고 그는 그 일을 정말 사랑했다. 아편전쟁 후 중국탐사를 위해 파견될 후보자로 그가 지목되었고 그는 그것이 자신의 신분을 상승시켜 줄 유일한 길이라 생각했기에 그 기회를 놓치지 않았다. 그렇게 떠나 3년을 중국에서 보내고 돌아온 그는 자신의 경험을 책으로 출간하게 되었는데, 그의 책 「중국 북부지방 방랑3년」(1847)은 그 당시 비평가들로부터 호평을 받게 되었으며, 그가 007작업을 착수하게 될 충분한 이유가 되었다.

위기에 몰린 동인도회사의 적극적인 후원으로 로버트 포천은 중국의 녹차산지와 홍차산지를 향해 배에 올랐다. 그는 목숨을 내 놓아야 할지도 모른다는 각오로 배에 탔으리라.

그의 중국인 비서 둘과 포천은 첫 여행지로 녹차산지를 향해갔다. 중국인들의 눈에 특이해 보이는 그의 외모를 감추기 위해서 그는 변발을 하고 중국인 고관의 옷차림을 해야 했다.

그 당시 중국인들은 황제에 대한 충성의 의미로 앞머리를 홀딱 밀어야 했는데 2억 가량의 인구가 모두 이런 모습 이었으니 포천도 머리를 밀지 않을 수 없었으리라. 앞머리 반을 밀고 뒷머리는 땋은 머리를 붙였다. 머리를 밀 때 포천은 어떤 마음이었을까? 낯선 풍경, 낯선 언어, 죽음에 대한 공포, 그리고 더한 걱정은 차나무 씨앗을 손에 넣을 수 있을지, 그리고 그것들을 무사히 인도로 보낼 수 있을지에 대한 불안감과 함께 여러 가지 감정이 밀려오지 않았을까? 영국 첼시의 약초원에서 하루하루 평화롭게 식물들을 가꾸며 살았던 한때를 무척 그리워하지 않았을까?

어느 순간 운명은 그를 중국의 안후이성 근처 녹차산지로 데려가고 있었다.

한 가지 의문이 들었다. 포천이 묘목과 씨앗을 훔쳐온다 해도 배를 타고 이동하는 시간을 어린 묘목이 어떻게 버틸 수 있을까 하는 우려였는데 이 점은 '워드 상자'라는 것이 해결해 주었다. 영국의 워드박사가 만든 이 박스는 유리온실 박스라고 생각하면 되는데, 이 박스 안에 흙을 넣고 묘목을 심은 후 잘 밀봉하여 햇빛이 잘 드는 곳에 둔다면 물 없이도 몇 해를 살 수 있다는 것이다. 포천에게는 이 든든한 워드상자가 있었고 그는 이 상자 덕분에 자신의 일을 잘 수행할 수 있었다.

　그는 중국의 최고급 녹차산지에서 품질 좋은 씨앗과 묘목을 얻는데 성공하였다. 하루 종일을 다원에서 허리도 펴지 못한 채 작업을 해서 얻은 결과물을 워드상자에 실어 인도로 보내면서 그는 초조한 마음을 감출 수 없었을 것이다. 자신이 보내는 씨앗과 묘목이 인도에 잘 도착할 수 있을지, 그리고 그곳에서 이식되어 잘 자랄 수 있을지, 걱정과 불안을 안고 배에 실어 보내며 그는 중국 남부의 홍차 산지를 향해 다시 모험의 길을 떠났다.

　그러나 불행히도 운송도중 누군가 워드상자의 문을 열었으며 포천이 보낸 씨앗과 묘목들은 대부분 죽거나 곰팡이가 생겼다. 살아남은 묘목은 단 3%뿐이었다고 하니 그의 첫 계획은 실패로 돌아간 것이다.

이 소식을 들은 포천은 낙담하기 보다는 더 안전한 방법으로 씨앗과 묘목을 이동시킬 수 있는 방법을 찾기 위해 노력했으며 그런 그의 노력으로 홍차산지에서의 씨앗과 묘목들은 안전하게 히말라야 산지까지 도착할 수 있었다.

그가 최상의 홍차씨앗과 묘목을 구하기 위해 무이산에 갔다는 사실이 신기하기만하다. 다즐링 지역에서 해마다 훌륭한 차가 출하되고 있는 것은 저 유명한 중국의 무이산 계곡의 야생차나무가 원조이고, 이는 포천의 목숨을 담보로 한 노력 덕분이다. 무이암차의 최고봉인 대홍포를 포천이 무성생식 방식으로 들여갔다는 사실에 박수를 보내야할지, 비난을 보내야할지... 그것뿐인가 그는 제다방법에 익숙한 그곳의 차 생산자들까지도 인도로 데려가 전통적인 방법으로 홍차를 만드는 시스템까지 모두 갖출 수 있게 만들었다.

산업 스파이로서 포천은 정말 제대로 일을 하고 돌아갔다. 나무랄 데 없이 완벽한 결과다. 중국의 입장에서 보면 나라의 기밀을 그것도 제일 중요한 기밀만을 골라서 훔쳐간 최고의 도둑이요, 영국의 입장에서 보면 영국의 경제를 살리고 역사의 흐름을 바꿔놓은 큰 공로자인 셈이다.

하동의 녹차밭

업톤 티 Upton Tea
남링 어퍼 봄다즐링 Namring Upper 1st Flush

　　　　　　로버트 포천이 중국의 차산지에서 보내 준
묘목은 지금도 히말라야 산자락 다즐링 지역에서 잘 자라고
있다. 다즐링은 홍차 매니아들 사이에서 가장 인기가 많은 차
다. 천둥과 비와 번개, 피어오르는 안개에 쌓인 이곳의 기후로
다즐링은 홍차의 샴페인 이라는 별칭이 붙을 정도로 아름다운
맛을 품고 있다. 이곳의 다원은 대부분 해발고도 1000미터 이
상에 위치하고 있으며 2300미터에 달하는 곳도 있다. 높은 곳
일수록 중국종의 차나무가 많은데 그건 중국종이 아쌈종에 비

해 추위에 잘 견디는 습성 때문에 그렇다. 차에 있어 다즐링 지역은 축복받은 지리적 요건과 기후를 갖추었다고 평가받는다. 까칠한 기후에 맑은 공기 그리고 가득 품은 안개는 찻잎의 맛과 향을 한껏 도드라지게 다즐링 만의 개성을 만들어준다. 2월말에서 3월초 여린 새싹이 살며시 고개를 내밀면서 첫 번째 봄 차인 다즐링 퍼스트 플러시가 나온다.

긴 겨울 이 봄 차를 기다린 홍차 매니아들은 이 시기가 되면 마음이 바빠진다. 올해는 어느 다원에서 맛과 향이 좋은 봄 차를 출시할지 가득한 기대를 안고 첫 번째 차를 시음하기 위해 봄 차를 서둘러 주문하기 시작한다. 퍼스트 플러시는 녹차 같은 파릇함을 안고 청량하고 맑은 수색과 맛이 특징이다. 하지만 너무 일찍 주문한 봄 차에서는 자칫 비릿한 풀내음이 나곤 하는데 이럴땐 그대로 잠시 봉해두었다가 몇 개월 후 다시 마셔보면 풋내가 가시기도 하니 여유를 갖고 기다려 볼 필요가 있다. 다즐링에는 약 90여개의 다원이 있고, 이를 일곱 곳의 지역으로 나눠 분류하고 있다. 각 다원에서 새로 나온 올 해의 햇차를 다 마셔볼 순 없지만 그래도 선호하는 다원의 봄 차는 마셔보는 노력을 하고 있다.

"지난해에는 남링어퍼의 2nd 플러시가 참 좋았는데, 올해는 1st 플러시가 더 좋은 것 같지?"

"올해 캐슬턴 클래식 봄 차는 너무 일찍 주문했는지 풋내가 영…"

이렇게 차로 통하는 이들과 다원의 차를 갖고 나누는 대화는 언제라도 즐겁다. 다즐링은 봄 차부터 여름 차, 그리고 가을 차까지 다양한 맛과 향의 깊이로 홍차를 좋아하는 이들의 마음을 설레게 만든다. 그 중에서도 한 해의 첫 차인 1st 플러시가 나오는 3월부터 5월은 봄 차의 향에 취한 티 매니아들을 행복한 마음으로 가득 물들게 한다.

봄 차가 시들해질 즈음 나오는 여름 차는 사실 다즐링의 백미다. 맛과 향이 농밀하게 깊어진 여름차는 특유의 머스캣 향이 나는데, 최근에 마신 2nd 플러시 중에서는 롭츄ropchu다원의 여름 다즐링이 최고의 머스캣 향을 자랑했다. 건잎에서 풍기는 달콤한 청포도향은 자신만의 멋을 한껏 뽐내고 있었으니 다즐링의 여름차는 이렇게 또 사랑하지 않고는 배길 수가 없다.

겨우내 마시던 홍차틴들을 잠시 한쪽에 치우고는 싱그런 다원차에 빠져 봄을 만끽한다. 파릇한 생기 넘치는 기운을 얻으려 봄 차를 고른다. 올해 출시된 봄 차 중에서 가장 맘에 들었던 남링 어퍼의 1st 플러시를 꺼내고 찻물을 올린다. 처음 도착하자마자 마셨을 때와 몇 개월 후에 다시 마신 이 차의 느낌은 살짝 달랐는데, 처음의 상쾌한 구수함은 좀 더 진한 구수함으로, 신선하고 은은한 꽃 향은 더 깊어지고, 거기에 레모니한 여운이 더해졌다. 전체적으로 순하고 여릿했는데, 식으면 어떨까싶어 식은 후 마셔보니 노릇하게 잘 구워진 군밤을 마시는 느낌이었다.

수색은 어떠한가. 봄을 기다리는 마음을 담은 듯 산속에 흐드러지게 핀 노란 산수유처럼 흔들리듯 번지는 아련한 빛의 조각들을 담고는 산뜻한 봄을 안겨준다. 추운 겨울 찬바람을 견디며 내민 찻잎의 향연은 봄 차의 싱그러움으로 모든 걸 다 내어주고 있다. 히말라야 산자락에서 보내주는 봄소식은 그곳의 햇살과 바람과 안개를 모두 품고 한 잔의 차로 다가와 내게 늘 새로운 봄을 선물해준다.

지난한 역사 속, 중국 무이산 계곡의 아생 차나무들은 로버트 포천의 손에 인도로 넘어가 이렇듯 무성한 다원을 형성하게 되었으니 다즐링 차가 주는 즐거움에 빠진 나 역시 목숨을 걸고 행한 그의 노고에 감사한 마음이 드는 건 참으로 모호한 기쁨이랄까?

Lady at the Tea Table, Mary Cassatt, 1885

The Tea, Mary Cassatt, 1844-1926

120

James Taylor

"그동안 정말 고생 많으셨습니다. 이젠 나이도 있고 하니 힘
든 일들은 모두 저희에게 맡기고 좀 쉬시죠."

"아니, 괜찮습니다."

"휴가를 드릴테니 다즐링 지역에라도 가서 좀 쉬시면서 차밭
을 둘러보고 오세요."

"아니요, 지난해에 다 돌아보고 왔습니다."

"선생님, 이러시면 곤란합니다. 이제 이런 방식으로는 다원

을 유지하기가 힘들어요."

"저는 그런거 잘 모르겠습니다. 전 이 일만 하겠습니다."

"계속 고집 부리시면 저도 어쩔 도리가 없습니다."

"전 따르지 않겠습니다."

"생각할 시간을 드리겠습니다."

"전 그렇게 하지 않겠습니다."

스리랑카에서 일생의 대부분을 보낸 제임스 테일러를 만나면서 난 그의 매력에 푹 빠지고 말았다. 그를 생각하면 허먼 멜빌의 소설「필경사 바틀비」가 떠오른다. "그러고 싶지 않습니다." 라는 말로 상사의 말을 무시하고 퇴직을 거부하던 바틀비. 하나뿐인 '나'라는 존재의 소중함을 온몸으로 항변하던 그 사람. 자신의 존재 자체만으로도 그 의미를 충분히 각인 시켜주었던 바틀비의 모습에서 난 제임스 테일러의 모습이 오버랩 되었다.

스리랑카 다원을 조성하고 가꾸는 데 자신의 일생 대부분을 보낸 이 사람. 그의 노력으로 스리랑카 다원은 안정적인 모습을 갖추게 되었지만 대규모 플랜테이션 방식으로 전환하는 과정에서 그는 퇴직을 요구받게 된다. 퇴직을 요구하는 농원주를 향해 그는 필경사 바틀비처럼 저렇게 대답 하지 않았을지.. 자신의 의지를 굽히지 않으면서도 한쪽 마음에 번졌을 상실감의 무게가 묵직하게 느껴졌다.

A divine cup of tea, Henri Adolphe Laissement (1854-1921)

Georges Croegaert (1848-1923)

로버트 포천이 동인도회사의 명을 수행하기위해 중국의 차 산지를 헤집고 다니던 그 시기, 또 한명의 스코틀랜드인 제임스 테일러는 커피농장에서 일하기 위해 스리랑카로 건너갔다. 그 당시 그의 나이는 열여섯. 책임감이 강하고 성실했던 그는 커피농장의 힘든 일도 불만 없이 묵묵히 해내는 성실한 사람이었으며 무엇보다 식물을 재배하는 능력이 뛰어났다. 3년 계약으로 커피농장에서 일을 시작했지만 열여섯 이후 그의 삶은 그곳이 전부였다.

제임스 테일러가 스리랑카에 도착(1852)했을 그 당시엔 스리랑카에 차 밭은 거의 없었다. 커피농장이 대부분이었으며 커피수출국으로 성장하고 있던 스리랑카에 차나무를 심는다는 건 전혀 흥미로운 일이 아니었다. 그러나 한순간에 스리랑카의 커피농장들은 전멸하고 말았으니, 그건 커피녹병(Hemileia vastatrix)이라는 전염병 때문이며, 이 병균은 커피나무 잎과 줄기의 광합성을 막아 나무를 말라죽게 하였고, 순식간에 스리랑카 섬 전체로 퍼져 모든 커피나무가 죽어버리고 말았다. 커피농장들은 하나둘 문을 닫고 섬을 떠나는 사람들이 늘어났지만 제임스 테일러는 그곳을 떠나지 않았다. 그리고 그곳에 남은 또 다른 두 사람, 커피 농장주였던 해리슨과 마틴 릭은 인도의 아쌈 지역으로부터 차의 묘목을 입수하여 커피농장에 차나무를 심기 시작하였다. 이것이 실론차의 시작이며 이들은 제임스 테일러와 함께 본격적으로 차나무를 재배하기 시작하였다. 제임스 테일러는 식물재배에 있어 뛰어난 재주를 갖고 있었으며, 흙을 연구하고 차나무 재배법을 연구하는 등 끊임없는 노력을 하였다.

1867년 제임스 테일러는 룰레콘데라 라는 산악지대에 스리랑카의 노동자들을 이끌고 들어가 험준한 그곳을 스리랑카 최초의 다원으로 만들어 낸다. 그곳에서 그는 차밭을 가꾸고 유념기계를 발명하고 좋은 차를 만들기 위한 제다방법을 고안해 내면서 남은 인생을 바치게 된다. 그는 죽을 때 까지 스코틀랜드 고향으로 돌아가지 않았고 일생동안 스리랑카 섬을 떠난 것은 단 한번 뿐이었으며 그것도 인도의 다즐링 지역으로 차를 연구하기 위해 떠난 것이었다. 차에 바친 인생.. 그는 아침에 눈을 떠서 저녁에 잠들 때 까지 오로지 차에 대한 생각뿐이었다. 그는 다원에서 일하는 타밀족들보다 더 많은 일을 하면서 그들과 일상을 함께 했다. 그는 인생의 대부분을 룰레콘데라 다원에서 보냈고, 공적인 장소에 가는 것을 극히 꺼리는 소극적이고 비사교적인 인물이었다.

예순을 몇 해 앞 둔 그에게 농원주는 퇴직을 요구했다. 그 당시 차 플랜테이션이 인도에서부터 붐을 이루기 시작했고, 차에 대해 전혀 지식도 없는 회사들이 작은 다원들을 통합하여 관리하는 시스템으로 바뀌어가고 있었다. 그는 이러한 현실을 인정하고 받아들일 수 없었다. 험준한 산악지역에 다원을 조성하고 그 다원에서 나는 차의 품질을 최고로 만드는 삶을 낙으로 살았던, 자신의 인생 전체를 차에 바친 그에게 퇴직이라는 것은 절망이 아니었을까? 그는 농장주의 요구를 거부하고 그곳에서 나가는 걸 거부한다. 그러나 안타깝게도 제임스는 퇴직을 요구 받았던 그 해 5월 이질에 걸려 갑자기 세상을 떠나고 만다. 그가 평생을 몸 바쳐 일한 룰레콘데라 다원 한쪽의 조그마한 숙소에서 그렇게 쓸쓸히 말이다.

그의 다원은 1867년 19에이커로 스리랑카의 첫 다원으로 시작하여, 점차 늘어나 1930년에는 스리랑카의 50만 에이커의 땅이 차밭이 되면서 커피농장의 전멸로 우울했던 땅이 초록의 다원으로 뒤덮이게 되었다. 이 초록의 땅에 열여섯의 나이에 이 섬에 첫 발을 디딘 한 청년의 값진 노력이 숨어 있다는 사실을 사람들은 알까? 차나무에 대한 열정으로 외길을 걸어 온 인생. 그를 떠올리며 마시는 한 잔의 실론 차는 더욱 깊게 다가온다. 어린 나이에 낯설고도 먼 섬나라에 발을 디디고 그곳에서 평생을 흙과 차나무를 연구한 제임스 테일러. 그의 영혼이 깃든 룰레콘데라 산자락, 그 위에서 펼쳐진 다원을 바라보며 마시는 한 잔의 차는 세월의 깊이를 다 품은 듯 그윽하게 피어오를 것이다.

믈레즈나 Mlesna
룰레콘데라 Loorecondera

「필경사 바틀비」. 허먼 멜빌의 이 소설을 처음 읽었을 땐 답답한 그의 태도에 도통 바틀비가 이해되지 않았다. 왜 상사의 얘기를 듣지 않는 건지, 왜 퇴직에 응하지 않는 건지. 나이 들어 다시 읽은 이 책은 또 다른 시각으로 읽혔다. 뉴욕의 월스트리트 한복판, 다양한 인간들의 군상 속에서 자유의지를 지닌 한 인간의 단단한 의지를 나약하고 표정 없

127

는 바틀비를 통해 철저한 고독의 섬처럼 그리고 있다. 타인의 시선과 행동과 말에 아랑곳 하지 않고 자신만의 세계에 사는 그의 결연한 모습은 그 당시 산업화로 휩쓸리는 사람들의 출렁임에서 떨어져 나간 이단아를 통해 던져주고 싶은 메시지를 짧고 강하게 보여주고 싶었던 작가의 의지가 엿보였다. 소외된 고독한 자의 상징이자 자유의지의 상징인 바틀비. 그에 대한 강한 인상은 스리랑카 최초의 다원을 일구어낸 결연한 의지의 표상처럼 보이는 제임스 테일러와 많이 닮았다. 꾹 다문 입과 무겁게 가라앉은 표정의 제임스 테일러는 지금도 그가 손수 가꿔 만든 다원 룰레콘데라의 한적한 어느 차나무 아래서 편안한 휴식을 취하고 있을지도 모를 일이다.

그의 영혼이 깃든 스리랑카 최초의 다원에서 차가 도착했다. 틴에는 찻잎을 따는 타밀족 여인의 모습과 제임스 테일러의 얼굴이 새겨져있고, 그 아래 'The father of ceylon tea...'로 시작하는 소개 글이 있다. 내게 이 다원의 차는 특별하다. 그의 삶이 전해주는 울림 때문일까? 이 다원 차를 마주할 때면 커다란 바위처럼 움직임 없는 단단한 그의 이미지에 말없는 고독이 새겨지고, 그의 삶, 그 안에 녹아 든 땀과 열정이 생생하게 움튼다. 험하고 가파른 지역을 차밭으로 일구어 내기위해 얼마나 많은 부딪힘이 있었을까? 또 얼마나 많은 사람들의 희생이 따랐을까? 그는 또 얼마나 아팠을까... 그의 갈라지고 부르튼 두툼한 손이 상상 속에 그려지고, 그를 떠올리면 나뭇잎이 다 떨어진 앙상한 겨울나무와 건조한 찬 공기가 느껴진다. 밖에서 보는 그의 삶은 고독 그 자체지만 차나무에 대한 열정을 보면 결코 외롭지 않았을 인생일지도 모르겠지만 말이다.

감상에 빠졌던 마음을 추스르고 틴을 열어 잎을 살핀다. 룰레콘데라는 BOPF[18]등급이다. 잘게 부서진 찻잎은 고운 가루처럼 손안에서 흩날리듯 보드랍다. 이 부드러운 감촉 안에 신선한 향이 그대로 살아있다. 초록의 싱그러움이 올라온다. 거친 대지의 비탈진 경사를 딛고 자란 차나무의 강인하고 단단한 힘과 바람과 안개의 기운을 얹어 세월에 풍화되어 부드러움으로 다시 태어난 찻잎처럼, 결연한 제임스 테일러의 표정 없는 얼굴에 한 줄기 미소처럼 그렇게 찻잔에서 생기를 안고 다시 살아난다. 떫거나 조이지 않는 부드러운 실론이다. 실론 특유의 시니컬한 예리함은 찾을 수 없다. 이것이 자칫 무뚝뚝해 보이는 제임스 테일러의 보이지 않는 유순한 마음인지도 모르겠다.

마음 속 깊은 곳까지 촉촉이 적시는 한 잔의 실론은 자신만의 외길을 가는 고집스럽고도 아름다운 제임스 테일러의 삶을 기억하게 만든다.

한 우물을 판다는 것. 그것은 빠르고 다양하게 변하는 요즘의 트렌드에는 왠지 거스르는 일처럼 느껴지고 오래된 속담처럼 밀려서 울린다. 급하게 변하는 세상, 뭔가 한 가지를 깊이 있게 꾸준히 한다는 것이 생소하거나 낯선 풍경으로까지 느껴지고, 새로운 것에 대한 갈망으로 지나간 것, 옛것에 대한 소중함이 뒤로 밀리는 모습을 보면 때론 쓸쓸함이 밀려온다. 한 자리에서 변함없이 그 자리를 지키고 깊이에 몰두하는 삶이 존경스럽고 가치 있게 느껴지니, 정신없이 빠르고 바쁘게 지나가는 삶에 무거운 추를 매달아 조금씩 그 속도를 늦추고, 그동안 보지 못했던 아름다운 풍경에 시선을 돌리며 천천히 걷는 그 길에 깊이를 더하고 싶다.

토머스 립톤

Thomas Lipton (1848–1931)

Thomas Lipton

"여보, 토마스 못봤어요? 가게가 이렇게 바쁜데 얘는 또 어딜 갔는지.."

엄마가 찾는걸 알았다면 부리나케 달려갔을 착한 아들 토마스. 그러나 그는 요즘 틈만 나면 바닷가 항구에서 시간을 보낸다.

'저 배를 타고 미국으로 건너갈 수만 있다면... 뭔가 지금과는 다른 나의 삶이 저 곳에 기다리고 있을텐데.. '

주머니에 손을 넣으니 그동안 쓰지 않고 모은 돈 20달러가 잡힌다.

'그래.. 조금만 더 모아서 저 배를 타자. 내 인생은 저곳에서 부터 다시 시작 될거야.'

제임스 테일러가 스리랑카에 도착해 커피농장에서 열심히 일하고 있을 즈음 영국 홍차시장의 판도를 바꿔놓을 또 한명의 스코틀랜드인이 태어난다. 지금도 마트나 백화점의 차코너에 가면 쉽게 만나볼 수 있는 반가운 이름 립톤(Lipton). 토마스 립톤은 뛰어난 사업수완으로 백만장자가 되었으며 그가 직접 다원을 사 들이기 위해 스리랑카 섬에 도착(1890)했을 때는 제임스 테일러가 실론 차의 품질을 최고의 수준으로 끌어 올려놓은 상태였다. 열심히 연구하고 일한 사람 제임스는 농원에서 퇴직을 요구받고 있었고, 그는 이에 굴하지 않고 자신의 다원을 갖기 위해 계속해서 다원신청을 하지만 결국 거절당한다. 하지만 백만장자가 되어 돈으로 무장하여 스리랑카 섬을 찾은 립톤은 쉽게 다원들을 사들일 수 있었고, 눈에 띄는 포장과 광고를 앞세워 스리랑카에서 영국으로 차를 실어 나르기 시작했다. 이 두 명의 스코틀랜드인의 운명이 돈 앞에서 판이하게 갈라지는 모습은 참으로 씁쓸하다. 점점 립톤차의 대중화가 이루어지면서 영국인들 사이에선 실론 티는 립톤 이라는 강한 인식을 갖게 되었다.

립톤은 스코틀랜드에서 태어났지만 그의 부모님은 아일랜드계 사람이다. 립톤이 태어나기 전 그의 부모님은 스코틀랜드로 이주했으며 그곳에서 작은 아일랜드 식료품점을 운영하고 있었다. 어린 립톤은 부모님의 가게 일을 종종 도와드렸는데 어린 나이였지만 장사하는 요령이 눈에 띄게 남달랐다. 그는 열다섯이 되던 해 바다 건너 세상에 대한 호기심과 열망으로 증기선을 타고 뉴욕을 향해 가게 된다. 그는 뉴욕에 도착하자마자 자신의 생계를 위한 돈을 벌기 시작했는데 왜 그를 스마트하다고 표현하는지 그의 미국생활을 들여다보면 절로 고개가 끄덕여진다. 그는 눈치백단이며 거기에 성실성과 민첩함까지 두루 갖추고 있고, 돈이 되는 길을 알았으며 자신이 갖고 있는 상품을 어떻게 광고해야할지를 알고 있었다. 미국에서 여러 가지 일을 하면서 돈을 조금씩 모은 립톤은 미국을 떠나기 얼마 전 원하던 뉴욕 백화점의 식품매장에서 일을 배우며 이러한 기술을 한 단계 더 업그레이드 시켰다.

이렇게 여러 가지 일을 배우고 미국을 떠나기로 마음먹은 때가 그의 나의 열아홉. 4년 만에 그는 고향으로 돌아가서 자신의 이름을 건 식료품점을 열 수 있었다. 그곳에서 그는 본격적으로 자신만의 특별한 방식으로 가게를 운영하게 되는데 앉아서 손님을 기다리는 것이 아니라 직접 나가서 특이한 방법으로 광고를 한다든지 크리스마스 시즌엔 치즈에 금화를 넣어 행운을 가져가라는 등 사람들의 마음을 혹하게 하는 마케팅으로 그의 점포는 10년 후 20개로 늘어났다. 이렇듯 그는 식료품 사업을 성공적으로 이끌었다.

이 당시 영국 가정의 식탁엔 항상 차가 함께 했는데 차는 대부분의 식료품점에서 구입할 수 있었다. 그 당시 식료품점은 찻잎을 저울에 달아 손님들이 원하는 만큼 덜어서 판매 하였는데 손님이 많이 몰리는 시간엔 차를 사기 위한 줄이 길어지는 모습을 보고 립톤의 가게에선 찻잎을 미리 소분해서 포장해 놓았다. 줄을 서지 않고 바로 구입할 수 있는 립톤의 가게에 홍차를 사러오는 손님들이 하나 둘 늘어나고 립톤은 홍차야말로 돈이 된다는 사실을 실감하였다. 그는 다른 가게보다 홍차를 좀 더 저렴하게 판매할 방법을 생각하다가 결국은 차의 생산지로부터 상품을 받아야 한다는 생각에 실론섬 으로 떠나게 되었고, 그곳의 다원 중 마음에 드는 몇 곳을 직접 사들였다. 그의 다원은 우바 산맥에 위치하고 있는데 그는 우바가 세계3대홍차가 될 줄 미리 알고 있었던 것일까? 이곳 다원을 사들이고 그는 공장의 기계들도 최신식으로 바꿔가며 좋은 품질의 차를 만들기 위해 최선의 노력을 했으며 위생적인 면도 신경을 많이 썼다. 결국 그의 차는 다음 해 런던 차 경매에서 최고가로 낙찰되는 등 사람들로부터 립톤차는 믿고 마실 수 있다는 신뢰를 얻게 했으며, 차의 가격을 낮춰서 품질 좋은 차를 저렴하게 마실 수 있다는 인식까지 심어 주었다.

립톤티 하면 떠오르는 것이 노란 포장상자에 빨간색으로 써

james tissot, 1874

Afternoon Tea,
George Dunlop Leslie(1835-1921)

137

진 Lipton이라는 글씨다. 그는 이러한 눈에 띄는 포장으로 사람들의 뇌리에 자신의 상품을 각인 시켰고, 그가 내건 슬로건은 '다원에서 직접 티팟으로 (Direct from the garden to the teapot)'로 다원의 신선한 찻잎을 바로 각 가정의 찻주전자에 옮겨 놓겠다는 의지가 엿보인다. 이러한 그의 생각은 전 세계인의 마음을 움직였고 립톤은 세계인의 사랑을 받는 홍차 브랜드로 점점 자리매김하게 되었다.

스리랑카 다원에 첫 삽을 뜨고 힘들게 다원을 일구어 낸 제임스 테일러의 열정이 고스란히 녹아있는 실론의 찻잎은 립톤의 광고로 날개를 달고 전 세계인의 가정에서 쉽게 마실 수 있게 되었고, 반면에 중국의 홍차를 생산하던 다원들은 점점 시들어가기 시작했다. 결국 영국은 그들이 원하는 대로 중국의 다원을 통째로 자신의 식민지 땅인 인도와 스리랑카에 고스란히 옮겨놓고 있었던 것이다.

우바지역의 작은 마을 하푸탈레 지역은 경관이 좋기로 유명하다. 해발고도 1500미터 경에 위치한 이곳은 사방이 차밭으로 둘러싸여있어 어딜 가나 차향이 가득 묻어날 것 같은 아름다운 마을이다. 마을의 정상으로 올라가면 립톤 시트(Lipton Seat)가 있다. 그 옛날 립톤은 그곳에 앉아 안개가 엷게 깔린 차밭을 내려다보며 어떤 상상을 했을까? 차밭

사이로 허리를 굽힌 채 찻잎을 따는 타밀족 여인네의 고단함이 묻어나는 풍경을 상상하니 그곳의 이슬과 바람을 곱게 품은 립톤티 한 잔이 몹시도 마시고 싶어졌다. 티백이 아닌 whole leaf의 질 좋은 립톤티를 구하고자 백화점과 마트의 차 코너를 돌아봤지만 구할 수가 없었다. 티백으로 나온 립톤티와 아이스티를 위한 가루차만 눈에 띌 뿐이었다. 얼마 전 기시에서 우리나라 차 음용률이 세계 하위 10%에 머문다는 기사를 보았는데 차의 다양성을 기대하는 건 아직은 어려운 일인가보다.

립톤티에 대한 아쉬움은 일본 교토 여행 중에 어느 정도 해소가 되었다. 교토에는 립톤 매장이 쉽게 눈에 띄었고, 대부분 음식을 함께 파는 식당 겸 티룸 이었다. 점심시간에 맞춰 립톤 티룸을 찾으니 자리가 모두 차서 앉을 곳이 없었다. 조용한 티룸도 좋지만 활기에 찬 티룸의 풍경도 나쁘지 않았다. 음식과 함께하는 차는 또 다른 어울림이 있다. 특히 기름진 음식과 차는 잘 어울리는데, 스파게티, 피자, 햄버거 등과 차를 함께 마시면 차가 음식의 느끼함을 제거해주는 역할을 해서 좀 더 가벼운 식사를 했다는 기분이 든다. 예전 「홍차의 세계사, 그림으로 읽다」의 저자 이소부치 다케시가 한국에 와서 차와 티푸드의 궁합에 대한 특강을 한 적이 있다. 홍차와 커피, 그리고 물과 함께 음식들을 직접 먹어보고 그 느낌을 함께 나눠 보았

는데 홍차와 함께 했을 때 음식의 맛은 더욱 담백하고 입안이 깔끔하게 정리가 되는 걸 느낄 수 있었다. 달달한 케익이나 쿠키등 차를 마실 때 흔히 찾는 디저트만이 티푸드로 어울린다는 고정관념이 깨지는 순간이었다. 차는 떡이나 한과와도 잘 어울리지만 치즈와 페어링해서 어울리는 차를 연구하는 모습도 종종 볼 수 있는데 차를 많이 마시다보면 칼슘의 배출이 많아지고, 그것을 보충하기 위해서라도 차와 치즈의 궁합은 영양적인 면에서 볼 때 바람직하다. 그리고 홍차와 치즈의 어울림이 꽤 괜찮은 편이다.

교토역에서 가까운 립톤매장에 들렀다가 마음에 드는 실론티를 하나 구입했다. 옥색의 고운 틴에는 Extra Quality Ceylon이라는 글씨가 정면에 적혀있다. 틴을 집어 든 순간 차밭을 일구느라 애쓴 제임스 테일러의 얼굴도, 스리랑카 다원을 사들여 신선한 실론의 찻잎을 실어 나르던 토마스 립톤의 여유 넘치는 미소도 잠시 스쳤다.

하푸탈레 지역의 립톤시트에 앉아 차를 마시는 상상을 하며 차를 우려 본다.

여름의 싱그러움은 뜨거운 햇살이 아직 퍼지기 전인 이른 아침 매미 소리가 새어나오는 무성한 초록의 나뭇잎 사이를 타고 올라온다. 나무들을 가만히 바라보고 있자니 푸르름이 발현되는 숲 한가운데 사방에서 뿜어져 나오는 피톤치드를 온몸 가득 품어보던 숲에서의 기억이 떠오른다. 스치고 지나칠 바람을 조금이라도 느끼고 싶어 집의 창을 모두 열고 여름 숲을 집으로 초대하고 싶어졌다.

여름 숲. 그 여름 숲의 발랄한 기운을 실론차로 잠시 빌릴 수 있을까? 틴을 열고 찻잎을 덜어내니 일정하게 잘린 찻잎에서 신선함이 살아 올라온다. 오렌지 빛이 살짝 도는 암갈색의 단정한 찻잎은 마치 숨을 쉬고 있는 듯 생생하게 다원의 향을 고스란히 전해준다. 찻잎이 살아있다고 느껴질 정도로 무척 신선하다. 촉촉한 대지에서 뿜어져 나오는 파릇한 기운은 여름 숲을 싱싱하게 살려냈다. 숲속을 걷듯 차의 향을 맡으며 천천히 차를 우린다. 실론의 향이 사방으로 퍼지고 이미 마음은 숲 한가운데 있다. 차를 우리니 질 좋은 차에서나 만날 수 있다는 포기크랙[19] 현상이 일어났다.

수면위로 안개가 내려앉듯 뭔가 신비로운 현상이 찻잔 안에서 일어나고, 내 기운은 1도 올라간다. 걷힌 안개 사이로 보이는 차를 한 모금 넘기니 깔끔하고 군더더기 없는 단정한 느낌에 세련됨을 하나 더 얹었다. 긴 여운 끝에 살짝 조여 주는 매력은 역시 실론 임을 각인시켜준다. 숲의 기운과 함께 온몸을 타고 흐르는 한 잔의 차로 몸과 마음은 이미 싱그러워졌고 요란하게 내리쬘 오후의 태양을 이길 힘도 살짝 얹어준다.

한 사람의 노고와 한 사람의 상술이 100년 이라는 세월을

19) 질 좋은 홍차에서 나타나는 현상으로 차 표면에 막이 형성되어 갈라지듯 보인다

훌쩍 넘겨가며 많은 이들의 사랑을 받는 실론 차로 이어지고, 나는 또 이 한 잔의 차로 위로받고 명상하듯 차분해지는 하루를 보낸다.

스리랑카와 인연이 깊은 스코틀랜드인 두 사람, 제임스 테일러와 토마스 립톤, 하나에 집착하여 몰두하는 그들의 아름다운 모습을 보며 내 삶의 방향을 잡아본다. 뭐든 깊게 해 보지 않고는 그 일의 진정성을 가질 수 없을 것만 같고, 그 즐거움의 끝에 다다를 수 없게 느껴진다.

깊이 있게 다가가야 하겠다. 그것이 일이든, 생각이든, 사람 관계든...

브루스 형제와 마니람

Robert Bruce (1789-1824)
Charles Bruce (1793–1871)
Maniram Dutta Baruah (1806 – 1858)

Maniram Dutta Baruah

"마니람, 당신과 형의 수고로 이루어낸 이곳에서의 일이 뭔가 잘못 되어가고 있는 것 같아."

"무슨 말씀을 하시는지 알아요."

"당신들에게 몹쓸 짓을 하고 있는 것 같아 죄책감만 쌓이는 것 같소. 동인도 회사의 지원 없이 당신만의 다원을 시작해 보시오."

"힘겨운 투쟁이 되겠지만 아쌈 왕국을 우리 손으로 되찾고 싶군요."

"나는 모든 걸 내려놓고 부인과 함께 Tezpur로 내려가 조용히 살겠소."

"부당함에 맞서 끝까지 버텨보겠습니다."

동인도회사의 지원을 흠뻑 받은 로버트 포천이 중국에서 스파이 활동을 본격적으로 시작하기도 전, 정글처럼 험한 지역인 아쌈에 동인도 회사 소속의 군인 로버트 부르스는 아쌈 왕국을 위해 싸우는 용병의 신분으로 이곳에 머물고 있었다. 그는 영국인들이 이곳 아쌈에서 토종 차나무를 찾는걸 알고 있었으며, 어떤 사연인지는 알 수 없으나 그당시 17세였던 마니람을 알게 되었고, 그를 통해 싱포족의 우두머리인 Bessa Gaum을 소개 받으면서 아쌈에서 자생하는 차나무를 발견한 최초의 영국인이 되었다. 그러나 불행히도 그는 차나무를 발견한 다음해인 1824년 35세의 나이로 갑작스레 목숨을 잃고 말았다. 그러나 마침 그곳에 머무르고 있던 동생 찰스 브루스에 의해 형이 발견한 아쌈의 차나무는 점점 세상에 알려지게 되었다.

그런데 사실 이 아쌈의 차나무는 로버트 브루스에 의해 발견되었다고 역사는 말하고 있지만 엄밀히 보자면 그는 차나무를 발견 했다기보다는 찰스와 더불어 동인도 회사의 지원에 힘입어 아쌈에서 차를 상업화 하는데 핵심적인 역할을 했다고 하는 편이 더 적절할지 모르겠다. 로버트는 자신의 의지로 차나무를 연구하고 노력해서 발견한 것이 아닌 인도 청년 마니

Evening, Isabel Codrington(1874~1943)

Reading Woman, Poul Friis Nybo (1869~1929)

람에 의해 싱포족장을 알게 되었고, 오래전부터 그들이 마시는 차나무 찻잎을 소개 받았던 것에 불과 하기 때문이다.

어찌되었든 동인도 회사를 주축으로 하는 영국사람들은 브루스 형제가 주장한 자생하는 차나무에 처음엔 별 관심을 기울이지 않았다. 그들은 한결같이 중국의 차나무 묘목을 인도에 들여와 성공적인 재배가 이루어지길 원했고, 번번이 실패를 거듭하면서도 아쌈에서 자생하는 차나무에는 별 관심을 기울이지 않았다. 찰스는 캘커타 식물원으로 보낸 싱포의 관목이 차나무가 아니라는 결론이 났음에도 불구하고 묵묵히 그만의 연구를 거듭하였으며 결국 그의 노력은 1839년 그것이 차나무라는 새로운 인정을 받으면서 본격적인 다원 형성이 시작되었다. 이때만 해도 찰스는 그의 노력으로 아쌈에서 다원이 점점 더 확장되고 성공적인 찻잎이 재배되는 것에 신바람이 나지 않았을까? 그러나 Assam Tea Company가 형성되고 수많은 인력이 필요하게 되면서 그의 차나무에 관한 노력은 어느 순간 착취의 형태를 띤다는 것을 느끼게 되었다. 로버트 브루스에게 처음 차나무의 존재를 알게 도와준 인도의 청년 마니람과 브루스 형제의 운명은 거대한 역사 속으로 빨려 들어가 되돌릴 수 없는 시간에 갇히고 말았으니, 인도 지역에서 나는 토종 차나무의 무한한 가능성에 몰려든 사람들의 욕구는 싱포족들을 비롯한 다수 농민들의 삶을 점점 비참하게 만들어

갔다.

급기야 찰스는 인도인들이 스스로 차 농장을 운영하게 하고 아쌈에서의 아편 생산을 반대하는 보고서를 제출하지만 받아들여지지 않았고, 그 당시 찰스의 밑에서 다원 관리자로 일하던 마니람은 1845년 동인도 회사와 상관없는 독립적인 차 농장을 시작하지만 영국인들은 이를 달가워하지 않았다. 마니람은 1852년 캘커타의 사다르 법원에 청원서를 제출하고 아쌈 왕국을 아쌈어퍼의 후손에게 돌려 줄 것을 주장하고 아편 재배를 중단할 것을 요구했지만 바로 거절당했다. 그러나 그의 이런 노력은 곧 인도 각지의 반란으로 이어졌고, 마니람은 영국에 대한 공격 계획을 세우던 중 1857년 8월 체포되어 그 다음해 형장의 이슬로 사라지게 되는 비극이 일어나게 되었다.

아쌈 지역은 인도에서 가장 많은 양의 홍차가 생산되며, 인도인들이 하루에도 대여섯 잔을 마다하지 않게 마시는 인도짜이[20]의 베이스가 재배되는 곳이다. 그러나 그 옛날 이곳에 다원을 조성하기 위해서는 수많은 노동자들의 손이 필요했고, 그 노동력을 채우기 위해 인도 여러 지역으로부터 다원에서 일할 노동자들을 끌어와야만 했다. 티벳으로부터 길게 뻗어

....

20) 인도인들의 국민차라고 할 수 있는 향신료가 들어간 밀크티

흐르는 브라마푸트라 강을 따라 수많은 노동자들이 이 아쌈 지역으로 실려 왔고, 그들의 생활은 노예 생활과 다를 바 없는 처참한 환경이었으니 아쌈 차를 마실 때면 브라마푸트라 강을 따라 아쌈의 고된 삶 속으로 들어가던 그들의 모습이 서늘하게 스친다.

처음 영국인들에게 자생하는 차나무의 존재를 알려 준 싱포족. 그들의 순신무구함은 그들에게 있어 잔인한 역사의 첫발이었음을 그들은 알았을까? 험한 아쌈의 정글지대를 개간해서 차밭을 일구는 것을 목적으로 세워진 아쌈 컴퍼니와 동인도 회사는 이곳의 원주민인 싱포족을 중심으로 다원을 개간하기 시작했으며, 그들의 노동력 착취는 원주민들의 삶을 일순간에 바꿔 버렸고, 고통스런 희생을 요구했다. 아쌈차를 이야기할 때면 처음 떠올리게 되는 브루스형제, 그리고 보이지 않는 곳에서 숨은 노력을 했던 청년 마니람, 이들과 더불어 그들에게 아쌈차의 존재를 알려 준 싱포족 주민들과 노예처럼 일을 해야 했던 그들의 바뀐 일상이 아프게 새겨진다.

길게 뻗은 브라마푸트라 강을 따라 넓게 펼쳐진 아쌈의 차밭은 그렇게 고단한 역사를 차 한 잔에 고스란히 담아 전 세계인의 하루를 시작하게 하는 고마움을 선사한다. 아쌈은 블랙퍼스트티 블랜딩에 있어 거의 빠지지 않는다. 특별하게 나서지도 않고 그렇다고 뒤로 빼지도 않는 점잖음과 소박함, 그

리고 강인함이 느껴지는 아쌈은 아침을 깨우는 차로 많은 이
들의 하루를 열어주는 고마운 존재다.

브루스 형제와 마니람

하니 앤 손스 Harney & Sons
아쌈 골든팁스 Assam Golden Tips

세계 3대 홍차라고 하면 기문, 다즐링, 우바를 말한다. 아쌈은 3대 홍차에 속하지 않는다. 이 점을 의아하게 생각하는 이들도 있고, 살짝 불만을 품는 이들도 있다. 왜 아쌈은 그 범위에 속하지 못하는 걸까? 3대 홍차라고 꼽아 놓은 홍차들을 가만 살펴보면 모두 뚜렷한 개성이 드러나는데 아쌈은 그들에 비하면 조금 더 소박함이 먼저 떠오르는 이유

때문인지도 모르겠다.

몰트향의 수수한 아쌈은 생산량의 90%이상을 CTC로 제조 한다. 최근 들어 다원의 빈티지 홍차들이 점점 주목을 받고 있긴 하지만 그 맛과 향이 다즐링의 개성에는 살짝 미치질 못하니 그 이유를 지역적 특성과 기후 탓으로 돌려야겠다. 다이내믹한 기후에 단련된 찻잎에서 다양한 맛과 향을 내는 다즐링과는 달리 일년내내 수확이 가능한 평이한 기후의 아쌈은 뭔가 맛에서도 향에서도 재미가 없다고 느껴진다.

하지만 아쌈은 블랙퍼스트티 블랜딩에서 맏이 역할을 톡톡히 하는 녀석이고, 여러 가지 차의 블랜딩 재료로도 많이 쓰인다. 게다가 CTC로 만든 찻잎은 밀크티를 만들 때 단연코 최고의 맛을 내니 3대 홍차에 뽑히지 않았다고 해서 서운해 할 일은 아니겠다. 그래도 다즐링과 대적할 만한 아이를 찾아보겠노라고 다원 아쌈 홍차를 열심히 찾아 마셔 보았지만 아쌈이 블랜딩되어 들어간 블랜딩 차들은 대부분 홍차 특유의 개성을 뽐내며 만족스러운 맛과 향을 선사하지만, 스트레이트 티로 마시는 아쌈은 그닥 맘에 드는 녀석을 찾기가 쉽지 않았다.

그러던 어느 날 친구로부터 선물로 받은 하니 앤 손스의 아쌈 골든팁을 만나고는 몇날 며칠을 이 녀석만 마시는 일이 벌어졌고, 더 이상 다원 아쌈에 대한 섭섭함을 토로하지 않게 되었다. 골든팁으로만 구성된 화려한 비주얼은 첫 만남에서부터

꿀향을 풍기며 앉아있는 자태가 예사롭지 않았다. 심쿵 한다는 것이 이런 느낌일까? 금빛 싹을 손바닥에 올리고 자세히 들여다보니, 털이 보송보송 옆으로 가지런히 누워있다.

  예측할 수 없는 맛을 상상하며 우리기도 전에 마음은 벌써 금빛으로 물든다. 이 녀석에게도 아쌈 고유의 몰트향이 진하게 번질까? 이런저런 상상에 우려진 홍차에서 내어주는 향은 찐득한 고구마향이다. 밀향으로 시작해서 고구마향이라니, 이 녀석은 처음부터 마무리까지 달달하다. 달달한 이 녀석의 고향은 아쌈 북동부에 위치한 디콤^{dikom}다원이다. 이 디콤^{dikom} 다원은 예전 제초제와 살충제의 남용으로 토양이 많이 고갈되었었다고 하지만 남방노랑나비의 도움으로 현재는 많이 회복이 되었고, 이 곳의 물이 독특하게 달콤한 것이 특징이라고 하는데, 그래서 이 골든팁이 이리도 달콤한 것인지 아쌈 답지 않은 달달함을 가득 품고 있다. 하니 앤 손스의 아쌈 골든팁은 중국의 전홍[21]처럼 달달함을 자랑하지만 대부분의 아쌈은 그렇지가 않다. 뚜렷하다할 개성이 딱히 없는 것이 아쌈의 개성이라고나 할까? 몰트향의 그윽함과 차려입지 않은 털털한 인상을 풍기는 넉살좋은 아저씨의 푸근함처럼 아쌈은 그렇게 소박하게 다가온다. 실론의 세련됨도, 기문의 기품도 느껴지진 않지만 아침에 눈을 뜨면 제일 먼저 만나고 싶은 소박한 유혹이다. 그 소박함 속에는 어두운 아쌈의 역사가 전해주는 그늘진 풍경이 서려있으니 아직도 해결되지 않고 있는 인도의 열악한 다원의 암울한 풍경이 걷히길 바라는 염원을 차향에 실어 보낸다.

21) 滇紅 중국 운남지역의 홍차

**찰스 그레이,
데본셔 공작부인**

Charles Grey (1764-1845)
Georgiana Cavendish, Duchess of Devonshire (1757 – 1806)

Charles Grey

Georgiana Cavendish,
Duchess of Devonshire

찰스.. 당신에게 말씀 드리지 않았지만 전 당신의 아이를 가졌어요. 그리고 저는 지금 아이를 낳기 위해 시골의 작은 성에 머무르고 있어요.

이 아이는 이제 곧 당신의 집으로 가게 될 거예요.

전 공작과 아이들 곁을 떠날 수 없다는 걸 깨달았어요.

이 아이와 잠시의 시간만이 허락되어 있네요.

그리고 당신과도 이젠 이별의 시간만을 남겨 두고 있어요.

가장 힘든 시기에 당신은 나의 빛이 되어 숨 쉴 수 있었답니다.

우리에게 더 이상의 시간은 존재하지 않겠지만

마음속에 늘 머무를 당신을 사랑합니다..

영국의 찰스 그레이 백작은 베르가못의 화려한 향을 맡으며 데본셔 공작부인이었던 조지아나를 그리워했을까? 얼그레이의 유혹적인 향과 맛은 그레이 백작이 흠모했던 데본셔 공작부인 조지아나를 닮았다. 그 당시 사교계의 꽃이었으며 패션계를 주름잡았던 사랑스러운 여인 조지아나. 그러나 아들을 낳지 못한 세월동안의 마음 고통은 화려함 뒤에 감춰진 아픈 비밀이었고, 그 마음을 어루만져 주었던 젊은 청년인 그레이 백작의 마음은 그녀의 답답한 마음이 기댈 수 있었던 초조한 안식처였을 것이다. 그들의 사랑이 타인들의 눈엔 아름답게 비치지 못할지라도 둘 만의 사랑은 그 순간 서로에게 빛이 되어 타오르고, 타오른 그 불꽃은 시간 속에 묻혀 하나의 별처럼 빛이 나고 있다.

찰스 그레이 백작은 젊은 나이에 정치에 입문을 하고 후에 영국의 수상이 된 사람이다. 그런 그의 이름이 오랜 세월동안 사랑받는 홍차의 이름이 된 건 어떤 사연일까? 그는 어느 날 선물로 받은 정산소종의 맛에 반해 버렸다. 이 차를 수소문해서 구입하려했지만 워낙 소량만 수입이 되는 바람에 재구입이 어려웠고, 이에 백작은 정산소종과 비슷한 차를 만들어 줄 것을 의뢰했으며 그렇게 해서 탄생된 것이 지금의 얼그레이 차다. 은은한 향기가 나는 정산소종의 향을 맞추기 위해 베르가못 향을 첨가하여 만들었는데 아마도 이 향은 백작의 마음을 사로잡았나보다. 그레이 백작의 이름을 붙인 이 차를 마실 때면 난 그레이백작 보다도 먼저 데본셔 공작부인 조지아나가 연상된다. 이 화려하고 상큼한 향은 내 상상속의 그녀다. 그레이 백작을 기다리며 달콤한 사랑을 기대했을 그녀의 두근대는 마음이다. 세기의 스캔들이었던 이 둘의 사랑을 담아낸 얼그레이 차는 연인의 초조한 사랑의 불씨가 만들어낸 차이고, 이루지 못한 사랑의 향을 담아, 차를 마실 때 마다 조지아나에 대한 사랑을 느낄 수 있도록 그레이 백작을 위해 만들어진 차였음을 확신하는 나는 역사 속 인물들을 상상하며 이렇게 또 새로운 이야기 하나를 만들어 본다.

얼그레이는 찰스 그레이 백작이 트와이닝사에 의뢰해 만들어진 차인데, 그러고 보니 트와이닝사의 역사도 300년을 훌쩍 넘기고 있다. 홍차의 시작과 함께 현재까지도 건재하고 있다는 사실이 때론 실감이 나지 않는다. 요즘도 마트에서 쉽게 만날 수 있는 트와이닝이지만 그 긴 세월의 무게를 떠올리면 상큼한 베르가못 향도 가볍지만은 않게 느껴진다.

Georgiana Cavendish

내가 처음 홍차에 빠지게 된 것도 이 얼그레이 덕분이다. 얼그레이의 유혹적인 향은 내게 신선하게 다가왔고 그리고 오래 머물렀다. 얼그레이는 그 종류도 무척이나 다양하다. 뮬레즈나의 크림 얼그레이처럼 사랑스럽게 다가오는 아이도 있고, 숫처녀의 수줍음이 담긴 부드러운 트와이닝의 레이디 그레이도 사랑스럽다. 그런가하면 쿠스미의 아나스타샤Anastasia는 시트러스향의 상큼함에 오렌지의 달콤함, 그리고 라임의 시큼함까지 모두 갖추고 세련된 모습으로 유혹한다. 그레이 백작이 세련되고 발랄한 그녀, 조지아나를 처음 본 순간 느꼈을 그 첫 느낌처럼 말이다.

얼그레이는 유혹이다.

Lady Nightcap at Breakfast, 1772

쿠스미 KUSMI
아나스타샤 Anastasia

내게 홍차 사랑의 불씨를 던져 준 얼그레이는
때로는 화려하게, 때로는 강하게, 또 때로는 은은하게 다가와
지친 마음에 생기를 불어넣어 준다. 한동안은 자체적으로 발산
하는 그 화려한 향에 지쳐 잠시 거리를 두기도 했지만 첫사랑
은 늘 그렇듯 애잔한 마음의 그리움으로 다시 다가가게 만드는

끌림이 있다. 가향차의 대표 자리를 절대 내어주지 않을 것 같은 꿋꿋함은 콧대 높은 아가씨처럼 도도하게까지 느껴진다.

Anastasia

쿠스미는 1867년에 파벨 쿠스미쵸프 Pavel Kousmichoff에 의해 상트페테르부르크에 설립된 러시아 차 브랜드이며, 러시아 황제의 차 공식 공급업체였다. 그러나 20C초 러시아 혁명을 피해 파벨pavel의 가족은 탈출을 하게 되고, 프랑스에 기반을 두면서 사업을 이어나가게 되었다. 그러나 혁명의 한 가운데서 미처 탈출하지 못한 황제와 그의 가족은 그대로 남아 처형당하는 끔찍한 사건이 일어나는데, 이로써 로마노프 왕가는 무너지게 된다. 비운의 역사 속, 러시아 황실의 마지막 공주가 바로 아나스타샤이다. 영화로도 애니메이션으로도 상영이 되어 많은 이들의 사랑을 받은 아나스타샤 공주의 이야기는 황제의 일가가 모두 살해되고 2년 후, 어떤 한 여성이 나타나 자신이 바로 아나스타샤 라고 주장을 하면서부터 시작이 되었다.

이 알 수 없는 정체의 여성으로 인해 상상의 나래가 펼쳐지고 논란도 많았지만 결국 그 여인은 아나스타샤가 아니라고 판명되었고, 알 수 없는 사연으로 인해 많은 이들은 또 그녀가

진짜 공주였을 것이란 확신을 아직
까지 하기도 한단다.

이 차는 이렇듯 무거운 스토리를
안고 있지만 차는 정말이지 가볍고
발랄하다. 혈우병을 앓던 남동생도
잘 돌보고 언니들과도 우애가 좋았
다는 착한 아나스타샤 공주를 이런
느낌으로 기억해 주길 바래서일
까? 비참한 역사의 한 페이지를 맘
에 접으며 차를 우린다. 둥그런 틴을 여니 제일 먼저 반기는
향은 라임향이다. 시트러스 느낌 가득 풍기며 주위를 상큼하
게 채워주는, 베르가못 향보다 먼저 나서서 반겨주는 라임 향
에 이어 레몬과 오렌지향이 뒤따르고, 정작 기본인 베르가못
향은 한참 후에 여린 존재감을 드러낸다. 묵직한 중국 찻잎이
베이스로 전체적인 발란스를 잡아주며 상큼한 베르가못 향을
깊게 꾹 눌러 놓아 여간해선 그 향을 쉽게 내밀지 않는다.

내밀 듯 말 듯 애간장을 태우듯 손짓하는 여린 베르가못 향
은 길쭉한 검은 찻잎 사이에 스며 화려함을 감추고 때를 기다
리듯 얌전히 앉아있다. 그리 화려하지 않아서 부담 없이 손이
가는 쿠스미의 아나스타샤는 기분이 다운 될 때면 좋은 친구

가 되어 내게 다가온다. 어두운 하늘 무거운 구름 사이로 쏟아지던 비가 그치고 바람에 밀려 갈라진 구름 사이로 고개를 내미는 햇살 한 줄기처럼 아나스타샤는 마음에 빛을 쬐어주는 신기한 힘이 있다. 이 녀석의 매력은 바로 이렇게 그늘진 마음에 햇살을 비추듯 다가온다.

이 차를 마실 때 마다 떠오르는 영화도 한 편 있는데, 왕치아즈 역을 훌륭히 소화해낸 탕웨이의 「색,계」다. 이 영화 속 막부인 왕치아즈의 수줍고, 섹시하고, 격정적이고, 도도하면서도 순수한 그 모든 몸짓이 이 한 잔 의 차와 무엇이 닮은 걸까? 압도적인 슬픔과 아름다운 고독, 그리고 몽환적인 영상이 차의 향기와 함께 스치듯 지나간다. 순수함과 섹시함 그 사이를 맴도는 이 차의 치명적인 매력이 나를 유혹한다.

차를 잘 모르는 사람들에게도 얼그레이는 낯설지 않은 이름이고, 차를 고를 때 무의식적으로 주문하게 되는 차도 얼그레이인 경우가 많다. 이 유혹적인 시트러스 향은 흐르는 세월에 깊이 스며 잠시 지쳐 멀어졌다가도 다시 찾게 되는 신비한 마력이 있다.

찰스 그레이가 데본셔 공작 부인에게 처음 끌렸던 그 마력의 힘과도 같이 말이다.

얼그레이는 유혹이다.

165

Afternoon Tea Party, Jean-Etienne Liotard (1702-1789)

인연
III

Fortnum & Mason | Rose Pouchong
| Karel Capek | Girls Tea | Musica |
Nilgiri Winter Flush | Ronnefeldt |
Nilgiri Morgentau | Lupicia | からころ

책을 통해 새로운 인연을 만난다. 같은 공간, 같은 시간 속에서 만날 수 없는 그들과 함께 할 수 있는 기회란 내겐 책을 통해서다. 그 인연들은 차곡차곡 쌓여 내 삶에 작은 변화를 안겨 주기도, 밋밋한 삶에 부드러운 색을 덧칠하여 새로운 나로 다시 만들어 주기도 한다. 책이 감사한 이유다. 어느 순간 소리 없이 찾아오는 외로움과 고독, 그리고 다가오는 숱한 문제들로 마음이 힘을 잃을 때가 있다. 이 모든 순간 나를 위로해주고 다독여준 건 결국 책이었다. 티팟 가득 차를 우리고, 따뜻한 차가 준비되면 난 슬그머니 책장을 향해 움직인다. 읽고 싶은 책을 집어 들고 그 안에서 펼쳐질 사람들의 이야기 속으로 빠져들다 보면 내 시간과 공간은 어느새 사라져버리고 어디론가 홀연히 사라진 나를 발견한다.

그 자리엔 새로운 인연이 스며들고...

제인 오스틴

Jane Austen (1775-1817)

Jane Austen

🖋︎ 　　　사랑이란 무엇일까? 내 시간을 다 내주어도 아깝지 않은 사람이 있다면, 평생을 가슴속에 품고 있는 사람이 있다면 그건 사랑이다. 나의 모든 시간을 그 한 사람으로 채우고 있는 것, 그것이 사랑이다.

홍차 때문에 시작한 제인오스틴의 책읽기는 희미하게 잊혀진 사랑 이라는 단어를 새삼 떠올리게 만들었다. 그녀의 소설

속엔 설레는 사랑 이야기가 한
가득이다. 평생을 독신으로 산
그녀가 과연 사랑을 알까? 어
떻게 이런 섬세한 마음의 무늬
를 알 수 있을까? 그녀의 책을
읽으며 이런 얄미운 의심 한
자락이 고개를 들었다. 그녀가
전해주는 사랑 이야기는 살랑
살랑 부는 봄바람처럼 여리기
도, 때론 부드러운 솜사탕처럼

달콤하기도 하다. 「오만과 편견」의 다아시는 바위같이 차갑고
묵직한 인상이지만 그 내면의 부드러움은 달콤한 아이스크림
보다도 더 달게 느껴지고, 「이성과 감성」의 순정파 브랜든 대
령은 여린 듯 강직하다. 늘 한걸음 뒤에서 사랑하는 여인을 지
켜보며 그 사랑을 지킬 줄 아는 믿음직스러운 남자. 철부지 아
가씨 매리앤을 향한 지고지순한 사랑으로 결국 그녀의 감동을
받아내는 그를 보면서 이 남자의 사랑이 은은하게, 마치 내가
그 사랑을 받고 있는 듯한 편안함으로 다가왔다.

　그녀의 글을 읽다보면 정작 제인은 감성적이기 보다는 이성
적인 사람으로 느껴지지만 글 속에 등장하는 인물들은 모두
생생하게 그들만의 감정의 선이 살아있다. 사람을 향한 관심

과 세밀하게 보는 눈이 없다면, 그리고 그들을 자신의 삶속으로 끌어들이지 않았다면 그녀의 글은 세상에 나오지 못했을 것이다.

　그녀의 모든 이야기 속엔 그녀 자신이 들어있다. 「오만과 편견」의 엘리자벳, 「이성과 감성」의 엘리너 대시우드, 「설득」의 앤 엘리엇. 하지만 실제 그녀의 현실 속 사랑이 궁금해졌다. 그녀의 글 속엔 이렇게 많은 그녀가 담겨있지만 현실에서의 그녀는 어떤 사람이었는지, 그리고 어떤 사랑을 품고 살았는지 말이다.

　그녀의 현실 속 진짜 모습은 「오만과 편견」의 엘리자벳과 많이 닮았다. 현실은 소설처럼 해피엔딩으로 마무리 되진 못했지만, 못다 한 그녀의 마음이 소망으로 담겨져 소설이 완성된 건 아닐까? 엘리자벳처럼 씩씩하고 정의롭고 사랑 많은 제인. 가슴이 원하는 사랑을 닫을 수밖에 없는 눈앞의 현실 앞에서 이성적으로 밖에 행동할 수 없었던 그녀는 자신 안에 품은 그 사랑을 지키기 위해 홀로 독신의 삶을 살며, 못다 이룬 사랑을 소설 속에 하나 둘 담아내었다. 맘에 품은 사랑을 지키려 사랑하는 연인과 헤어져야만했고, 현실 속에서 상처 나게 될 그 사랑을 아름답게 지켜낸 모습이 슬프게 다가온다. 그녀의 가슴 속 깊이 번진 마음의 무늬들은 글이 되어 책속에 고스란히 스며, 시간의 무게가 아무리 더해져도 그 빛은 사그라지지 않는다. 세월이 흘러도 바래지지 않는 사랑. 그녀의 글을 읽다 보면 나도 어느새 소설 속 한 인물이 되어서는 함께 흥분하고 마음 졸이며 같은 감정의 파도에 마음을 싣는다.

  제인 오스틴. 그녀와 내가 만나는 시간은 그녀의 책을 읽으며 차를 마시는 시간이다. 외로움이 밀려오는 순간, 공허한 마음을 달랠 길 없는 그런 순간이 있다. 누군가의 따뜻한 위로가 필요한 그런 순간, 언제부턴가 나는 그럴 때 마다 책을 집어 들기 시작했다. 사람들 속에서 위로받고 위안 받는 것에 대한 두려움이 있었을까? 책은 내게 숨 쉴 수 있는 공간이 되어 나만의 은신처 역할을 해 주었다. 그 안에서 알 수 없는 편안함과 따뜻한 위로를 받으며 끊임없이 떠오르는 무수한 질문들에 대한 답을 얻어내고, 무겁게 짊어졌던 고민도 조금씩 덜어내며 그렇게 또 살아가는 힘을 얻어낸다. 타인의 시선에 가두지 않고 자신만의 방식으로 삶을 끌고 갔던 제인의 소설 속 여인들의 당당함이 내 삶에 위로가 되어 줄 때가 있다. 외로움과 고독이 밀려와 그녀의 삶을 이리저리 뒤흔들 때 그녀는 어땠을까? 차를 마시며 글을 쓰며 자신안의 세상과 마주했을까? 그 시간 한 잔의 차가 그녀의 영혼을 달래 주었을까? 그녀의 인생에 한 잔의 차와 한 줄의 글이 없었다면 어땠을까?

  홍차를 사랑했던 제인 오스틴. 그녀가 아름다운 글을 지어

낼 수 있게 옆에서 도와주었던 한 잔의 차, 그 안에는 그녀의 모든 인생이 녹아 있다. 사랑도, 슬픔도, 외로움도, 고독도...

아침에 눈을 뜨면 제인은 하루의 시작을 한 줄의 글로 시작했다. 창가에 스미는 아침 햇살을 받으며 시작되는 그녀의 글은 하루를 딛고 설 힘을 모아 주었으리라. 글쓰기가 끝나면 제인은 식구들을 위해 아침 차를 준비했는데 그 당시 차는 일반 가정에서 쉽게 접하기에는 부담스러웠기에 하인들은 차 상자나 설탕을 함부로 사용할 수 없었다. 그래서 차는 주인이 직접 준비하고 보관했는데, 오스틴 가에서는 제인이 식구들의 차 담당이었다. 아침마다 차를 준비하고 찻잔을 셋팅하며 미소 지었을 상상속의 그녀가 이쁘다. 그녀가 살던 곳은 런던에서 조금 떨어진 시골 햄프셔 지역이었는데 가끔 친척이 사는 도시로 나가게 되면 그녀는 웨지우드에 들려 찻잔을 사고 트와이닝에 들려 새로 들어 온 차를 구입하는 즐거움을 누렸다. 맘에 드는 다기를 구입하고 차를 한 아름 사서 집으로 향할 때 그녀의 얼굴 가득 물들었을 환한 미소가 행복하게 느껴진다.

「제인 오스틴 북클럽」이라는 책이 있다. 제인 오스틴의 소설 여섯 편을 한 달에 한권씩 읽으며 서로 자신의 이야기를 나누는 멤버 여섯 명의 일상이 담겨있는 소설이다. 각자 무거운 삶을 짊어지고 자신의 주어진 삶 안에서 힘겹게 살아가고 있

는 보통의 사람들, 그들의 힘겨운 삶을 들여다보니 우리네 사는 모양은 제각각 다 다르지만 그 힘겨움은 자신이 감당할 수 있는, 자신에게 맞는 양의 무게로 모두에게 똑같이 주어지는 건 아닐까 하는 생각이 들었다. 각자 견딜 수 있는 만큼만의 무게로 말이다. 서로에게 기댈 수 있는 어깨를 내어주는 그들은 북클럽을 통해 조금씩 삶을 치유해나가고 그 안에서 따스한 정이 쌓인다. 그들의 중심에 제인 오스틴이 있다. 이 책을 쓴 작가 커렌 조이 파울러의 제인 오스틴 사랑이 느껴졌고, 그녀를 통해 삶을 위로 받았을 작가의 마음이 전해졌다. 소설 속 그들처럼 언젠가 나도 제인 오스틴을 좋아하는 이들과 더불어 차를 마시며 그녀의 소설 속 인물들에 대해서 이야기를 나누고 세상을 향해 따뜻한 시선을 함께 나눌 시간을 가져보고 싶다는 흐뭇한 상상을 해 본다.

제인의 하나뿐이었던 현실 속 남자 톰 리프로이. 그녀의 모든 글속에서 살아 숨 쉬는 그는 얼마나 행복한 남자인지.. 세상에 내 놓을 수 없었던 그들의 사랑은 글 속에 깊이 배어 여전히 빛을 내고 있지만 그녀를 향한 이루지 못한 그의 사랑이 서늘하게 느껴져 마음 한켠이 아려온다. 그 둘의 사랑은 깨지 않는 꿈처럼 글 속에 깊이 잠들어 영원히 숨 쉬리라.

　애달프고도 아름다운 사랑 이야기에 따끈한 홍차 한 잔이 또 마시고 싶어지는 밤이다.

Breakfast in the garden, Frederick C. Freseke, 1911

포트넘 앤 메이슨 Fortnum & Mason
로즈 포총 Rose Pouchong

제인 오스틴이 글을 쓰던 시대는 여자가 글을 쓰고 책을 낸다는 것이 매우 수치스러운 일이라고 여겨지던 시대였다. 그러나 이 당시는 출판 산업이 활발하게 전개되는 시점이었고 대중을 위한 문학이 요구되었으며 여성 작가들이 기존의 남성중심의 사고에서 벗어나 틀을 깨는 소설들을 지어내기 시작하던 때다. 그 선구자적인 역할을 한 제인 오스틴은 이러한 사회적 분위기 속에서 때로는 익명으로 책을 출간하기도 하며 완고하던 그 당시 사고의 틀에 조금씩 균열을 일으키는 글쓰기를 하게 되었다. 남자들의 시선이 자신의 삶에 잣대가 되는 그 당시 일반적인 사고를 가진 여자가 아닌 자신만의 단단한 심지가 있는 여주인공을 등장시키면서 그녀는 자신을 표면위로 드러내기 시작했고, 세상의 질타에도 아랑곳하지 않고 자신의 사고와 가치관을 글속에 심어 넣었다. 당당함이 주는 그녀의 자신감은 그녀의 소설 속에서 새로운 인물들을 만들어내고 그들을 통해 독자들은 자기 자신으로 향하는 길에 작은 힘을 보탰으리라. 가족 이외에는 자신이 글을 쓰고 있다는 사실조차 때로 숨기며 책을 써야했던 제인은 자신의 글 안에서만 숨 쉴 수 있는 자유가 허락되지 않았을까? 글에서 펼쳐지던 세상과 현실의 세상, 그 둘의 간극에서 방황했을 그녀를 위해 난 오늘 한 잔의 차를 우린다. 그녀의 소설 속 가득한 사랑 이야기는 진하게 뿜어져 나오는 장미향처럼 매혹적으로 다가오고, 난 그녀를 위해 장미향 가득한 홍차를 준비한다.

포트넘 앤 메이슨의 로즈포총을 집어 들었다. 기문모봉[22]을 베이스 찻잎으로 그 사이사이 장미 잎을 한 겹 두 겹 쌓아 자연스런 향이 배게 만든 시간의 정성을 들여 만든 차다. 장미의

---

22) 중국 안후이성의 대표적 명차인 황산모봉의 재배품종으로 기문 홍차 제다법으로 만든 차

화려함에 기문모봉의 의젓함이 더
해져 도드라지듯 치고 오르려는
매혹적인 향을 살짝 누그러뜨린
다. 간혹 과하다 싶은 향으로 장미
가향 홍차엔 손이 잘 가지 않는 편
이지만 포트넘의 로즈포총은 적절
한 조화로움으로 유일하게 내가
자주 찾게 되는 장미가향 홍차다.
잘 우려서 잔에 따르니 마치 봉오
리를 다문 장미처럼 안으로 향을

숨기고 조용히 앉아있다. 온전히 차 본연의 향만을 내주고 싶
은 모양이다. 걸러낸 엽저 에서는 옅은 장미향과 젖은 나무향
이 서로 포개어 가라앉는다. 첫 모금에 시원하면서도 묵직한
향이 반갑다. 뒤이어 새어나오는 소박한 화려함이 장미가향
차임을 상기시켜준다. 열정적인 마음을 품고서 아주 조금씩만
속을 내 비치며 수줍은 사랑 이야기를 속삭이듯 이 차는 내게
그렇게 사랑을 속삭인다. 내어줄 듯 말듯 차의 향에 집중하는
사이 어느덧 티팟 가득 담긴 차는 다 비워지고, 온기가 가신
식은 찻잔에서는 여린 장미향이 조용히 찻잔 주위를 맴돈다.

이 차를 마실 때면 왜 제인 오스틴이 떠오르는 걸까? 현실에

서 이루지 못한, 못내 아쉬운 그녀의 사랑은 장미향처럼 매혹적인 향과 열정적인 마음을 품고 있지만 다가오지 못하게 가시를 세우고 있는 도도한 장미처럼 다가갈 수 없는 아쉬움 때문일까? 다가갈 수 없고, 다가서지 못하게 하는 아픈 사랑. 현실에서 이룰 수 없는 사랑 때문에 힘겨운 삶을 살아가고 있는 그 누군가 있다면 난 그에게 이 한 잔의 차와 제인 오스틴의 이야기를 함께 내주고 싶다. 현실에서 이룰 수 없는 그 사랑은 애달프게 아프지만 아픔만큼 더 아름답다고..

마음의 불씨는 꺼지지 않은 채 언제까지나 반짝거리며 빛을 낼 것이라고. 그러니 힘을 내요. 그대..

에쿠니 가오리.. 삶이 무료해지거나 반복되는 일상에 지루함이 느껴질 때면 그녀가 들려주는 이야기에 귀 기울이게 된다. 그녀의 글이 전해주는 감성은 오렌지 빛으로 내게 다가온다. 뭔가 서걱거리는 평범치 않은 인물들의 이야기 속에 톡톡 튀는 상큼함이 배어있고, 자유로운 영혼의 그녀 이야기를 따라가다 보면 어느새 깨어진 사고의 틀 속에서 또 다른 새로운 질서를 찾게 된다. 내게 쉼의 여유를 주는 그녀의 책은 언제든 반갑다. 자신의 감정에 솔직하고 후회 없는 사랑을 추구하는 그녀의 소설 속 인물들은 사랑 앞에서는 한

정된 경계가 없는 듯 희미한 선만이 어른거린다.

「반짝반짝 빛나는」은 내가 그녀의 소설에 주목하게 만든 책
이다. 이 소설은 우울증과 알코올 중독으로 힘들어하는 쇼코
와 그녀의 남편이지만 동성애자인 무츠키, 그리고 무츠키의
연인인 곤 이렇게 세 사람의 이야기로 전개된다. 그들의 무늬
만 보면 이들 중 정상으로 보이는 인물은 하나도 없다. 평범하
지 않은, 현실과 동떨어진 이야기 같지만 읽으면 읽을수록 빠
져드는 순한 매력이 있고, 각 인물이 품고 있는 맑은 심성은
내 마음을 조금씩 건드린다. 흰 가운이 잘 어울리는 부드러운
남자 무츠키의 흔들리지 않는 두 사람을 향한 마음이 건조하
고도 부드럽게 다가오고, 모든 걸 알고 시작한 쇼코지만 점점

무츠키 에게 다가가는 마음에 스스로 선을 긋고 존중하는 마음이 곱고, 곤의 둘에 대한 배려도 따스하다. 그들에겐 그들만의 반짝반짝 빛나는 삶이 있다. 주위의 시선이 곱지 않아도 그들에겐 그들만의 살아가는 방식이 있다. 평범하지도 정상적이지도 않은 삶이지만 그 평범과 정상의 기준을 무색하게 느껴지게 만드는 순수한 그들의 내면이 마음에 닿았고, 지구별 어딘가엔 이렇게 자신들만의 반짝거리는 삶을 살아가는 이들이 있을지 모른다는 아쉬운 공감을 보낸다. 이 아름다운 풍경은 표면이 아닌 내면의 풍경이다.

그녀의 글에는 그녀만의 독특한 사고가 자연스럽게 녹아 평범하지 않은 상황을 자연스럽게 만들어내는 마법 같은 힘이 있다. 남녀 간의 사랑, 동성의 사랑, 불륜.. 이런 것이 중요한 것이 아니라 사랑, 그 절대적인 감정에 기초한 그녀의 사랑 이야기를 따라 읽다보면 어느새 그녀의 생각에 조금씩 물들어간다. 달콤한 홍차 한 잔이 가져다주는 향기로운 마법처럼 말이다. 홍차는 그녀의 소설과 더 가까워지게 만들었다. 무심결에 책을 읽다가 홍차가 등장하는 부분이라도 나오면 자세까지 바르게 하고 그 부분을 더 또렷이 읽고 있는 나를 발견한다.

곤이 나무에 식은 홍차를 부어주면 반갑다는 듯 잎이 떤다고 하는 표현이나, 홍차에 럼주를 몇 방울 떨어뜨려 마시는 쇼코를 상상하며 에쿠니의 홍차 사랑이 느껴졌다. 그녀의 홍차

는 생각지 못한 부분에서 툭 하고 튀어나와 읽는 내게 기대치 않은 즐거움을 안겨주곤 한다. 「낙하하는 저녁」의 리카는 자신을 떠난 애인을 향해 실연을 준비하는 십오개월 이라는 시간 동안 많은 양의 홍차를 마신다. 때로는 진하게, 때로는 우유와 설탕을 가득 넣은 진득한 밀크티로, 또 때로는 얼그레이 찻잎을 덜어내 향과 함께 그 모양을 지켜보면서..

그녀의 글을 읽으며 마시는 한 잔의 차는 더욱 농밀하다.

그녀는 영국의 홍차에서는 견실한 맛이 난다고 표현했다. 그녀가 말하는 견실한 맛이란 어떤 느낌일지 짐작해본다. 흐트러짐 없이 똑 떨어지는 착실한 맛일까? 그건 내가 느끼는 영국의 홍차맛과도 닮아있다. 그녀는 영국여행을 할 때면 그곳의 티룸을 방문하여 맛있게 마신 홍차는 같은 걸 구입해서 돌아온다는데 여행 가방 안에 든 홍차 꾸러미에 그곳의 추억도 함께 담아와 추억의 홍차를 우릴 때마다 여행지에서의 기억이 같은 온도로 번지지 않을지.. 그 온도로 써 내려간 그녀의 글을 읽으며 나도 슬쩍 그 추억에 함께 동승한다.

욕조에 따뜻한 물을 가득 채우고 그 안에서 매일 두 시간씩 책을 읽는 다는 그녀. 그런 습관이 생긴 건, 그 공간에서의 시간이 그녀를 순식간에 다른 곳으로 옮겨 놓는 신비를 만들기 때문이란다. 자신만의 공간과 시간 속에서 또 다른 낯선 시간, 생소한 장소, 그리고 타인들 사이를 여행하다보면 어느새 날이 밝아 오고, 그 낯선 여행이 주는 즐거움에 빠져 있다 보면 현실의 삶이 너무 멀게 느껴져 또 자신만의 글쓰기에 빠져들 것도 같다. 펼쳐진 그 글속에는 없던 세상이 펼쳐지고, 나는 또 그녀의 책을 지도 삼아 낯선 여행을 하게 되고..

에쿠니 가오리

카렐차펙 Karel Capek
걸스티 Girls Tea

 카렐차펙은 젊은 홍차 매니아들 사이에서
인기가 많은 일본의 일러스트레이터이자 동화작가인 야마다
우타코가 운영하는 회사 이름이다. 야마다 우타코는 체코의
유명한 국민작가의 이름을 왜 자신의 홍차 브랜드로 삼았을
까? 카렐차펙의 외모, 사상, 글의 성향 등은 그녀의 따뜻한 일
러스트와는 별로 어울리지 않게 느껴지지만 그녀의 작가사랑

하나 만큼은 진하게 느껴진다. 초등학교때 선생님으로부터 선물로 받은 카렐차펙의 책에 감동을 받은 나머지 그녀의 인생에 깊게 들어 왔다는 작가. 어떤 점이 그녀의 삶에 깊게 각인된 걸까? 이 체코의 작가는 현실에 대한 걱정과 사람에 대한 애정이 강한 사람이었다. 야마다 우타코는 그의 이런 사람을 향한 마음이 와 닿았을까?

그녀의 그림은 따뜻하다. 사람을 향한 애정이 가득 담긴 그녀의 그림이 그려져 있는 홍차 틴이나 티백을 보면 화가 났거나 우울했던 마음도 봄볕에 쌓인 눈이 녹듯 스르르 녹아내린다. 선한 마음이 느껴지는 그녀의 그림을 보고 있으면 내 마음도 선하게 물드는 것 같다.

카렐차펙의 아기자기한 차들을 만날 때면, 이 차는 어떤 블랜딩일까? 어떤 찻잎을 사용했을까? 이런 생각보다도 먼저 그림 속으로 빠져든다. 이름도 예쁜 각각의 홍차들을 하나씩 만나다보면 어릴 적 즐겨 보던 그림책 속으로 걸어 들어가는 것 같고, 마음은 동심으로 가득해진다. 마음속에 얼마나 많은 따뜻한 씨앗을 품고 있는 걸까? 그렇지 않고서는 이렇게 토실토실 귀엽고 예쁜 그림들이 나올 수 있을 것 같지 않다. 톡 건드리면 꿀처럼 달콤한 이야기들이 우르르 쏟아질 것만 같은 그녀의 그림 속을 걷다보면 차를 마시려던 처음의 생각도 잠시 잊고 만다.

에쿠니 가오리의 생활 수필들을 읽다보면 야마다 우타코의 그림이 그려진 홍차틴에 시선이 머물고, 작가가 하찮은 것들이라 표현한 생활 속 이야기가 담긴 가벼운 글들을 만날 때면 어김없이 카렐차펙 홍차를 하나하나 고르고 있는 나를 발견한다. 목차에 나온 알록달록 제목들에 가벼운 미소가 지어지고, 그녀의 사소한 일상과 함께 귀여운 일러스트 가득한 차를 하나 둘 골라 마시는 재미란...

카렐 차펙의 다양한 차들은 때로는 신선하게, 또 때로는 과감하게 다가와 멈칫거리게 만들기도 하지만 늘 사랑할 수밖에 없는 건 이 귀여운 차를 만날 때면 항상 마음이 따뜻해지기 때문이다.

카렐차펙의 걸스티는 에쿠니 가오리를 닮았다. 세월이 흘러도 늘 소녀 같은 그 이미지 때문일까? 미식가인 그녀의 맛있는 수필집 하나를 꺼내들고는 차를 우린다. 물이 끓고 있는 사이 책을 펴고 목차를 훑는다. 첫 번째 이야기가 '따뜻한 주스'다. 순간 마음에 행복이 스며든다. 어떤 이야기가 기다리고 있을지 그녀의 맛있는 이야기를 기다리는 내 마음의 온도는 점점 올라간다. 글을 읽을 준비가 다 됐으니 차를 우려보자. 틴

을 열어 찻잎을 덜어내니 자잘한 BOP[23]와 패닝[24] 사이쯤 되는 찻잎에선 산뜻한 딸기향이 달콤함을 뿜내며 사방으로 퍼진다. 진하고 맑은 수색 사이로 젖은 딸기향은 여전히 주위를 맴돌고, 수렴성 없이 깔끔하게 마무리 지어 주는 그 맛은 단정함으로 남는다. 이 녀석은 가볍게 맛있다. 에쿠니 가오리의 먹거리 이야기가 가득 담긴 수필집 「부드러운 양상추」에 나오는 맛난 이야기들을 눈으로 하나씩 집어 삼키며 한 모금씩 홀짝홀짝 마시는 딸기 홍차는 그 어느 때보다 더 달콤하다.

얼굴엔 세월의 흔적이 시간의 무게만큼 하나씩 새겨지지만 어느 순간 멈춰버린 마음의 나이는 순간순간 동심의 세계로 나를 이끈다. 그 속을 한참 거닐다 문득 현재의 시간을 자각할 때면 순간 씁쓸한 미소가 지어지지만 그 아른거리는 마음의 동심은 변하지 않기를 바라게 되고 그림책을 보듯 천천히 마음의 길을 따라 걷는다.

....

23) 찻잎의 등급. Broken Orange Pekoe의 약자
24) 찻잎의 등급. 잘게 자른 찻잎으로 티백에 주로 사용된다.

무라카미 하루키 책을 읽을 때면 늘 선물을 받는 기분이 든다. 지친 일상이 내게 힘겨운 무게로 다가올 때 그의 책을 읽다보면 짓누르고 있던 그 무거움은 조금씩 걷히고 잠시 몸과 마음은 일상에서 벗어나 짧은 여행을 떠날 준비를 한다. 그 산뜻함이 주는 즐거움이 내겐 선물이다. 그를 통해 떠난 낯선 여행지, 그를 통해 들은 다양한 재즈와 클래식, 그가 뛰면서 전해 준 바람의 풍경. 그의 글이 전해 준 수 많은 이야기는 들어도 들어도 질리지가 않는다.

아일랜드에서 스코틀랜드 북동쪽으로 놓여있는 작은 섬 아일레이ISLAY. 이곳은 싱글몰트 위스키로 유명한 곳이다. 이곳에서 거친 바람을 맞으며 싱싱한 생굴에 싱글몰트 위스키 한 잔을 끼얹어 그 맛을 음미하는 하루키의 이야기를 들으며 마셔보지 못한 싱글몰트 위스키 한 잔을 상상한다.

또 홍차 이야기는 어떠한가. 같은 찻잎으로 만든 홍차지만 터키의 차이하네 에서 마시는 차이는 뭔가 다르다는 그의 이야기는 내게 터키로의 발걸음을 부추긴다. 이탈리아에서 에스프레소가 생각나는 것 보다 로마에서 그리스 커피가 마시고 싶어지는 것 보다 더 강렬하게 끌린다는 터키의 차이. 아무리 더운 날에도 이 뜨거운 차이 한 잔은 터키에 있는 내내 그를 차이하네로 향하게 했단다. 같은 홍차지만 터키의 차이는 차이 맛이 나고 홍차는 홍차 맛이 난다는 그의 말은 나의 마음을 자꾸 그곳을 향하게 만든다.

그의 글 속에 담긴 수많은 재즈곡들은 잠 못 드는 밤 나와 함께 해 주었으며, 찰스강변을 달리며 스치는 바람과 반짝이는 강물, 그리고 지나치는 사람들의 풍경이 전해 주는 이야기는 답답한 마음에 한 줄기 시원한 바람처럼 싱싱하게 다가온다.

여자들은 갈 수 없는 땅, 그리스정교의 성지 아토스를 향할 때는 그의 힘겨움이 느껴져 안쓰러운 마음이 됐다가도 그가 바라보는 아토스 바다의 투명한 아름다움, 전혀 다른 차원의 투명함이며 진공상태의 공간처럼 야무지게 맑다는 그의 표현을 읽다보면 갈 수 없는 아쉬움에 또 이내 부러움으로 다가온다.

그가 전해 준 수많은 이야기, 여행, 음악, 책, 사람..

그의 삶에서 이 중 한 가지만 내어 달라 조른다면 그는 무얼 내줄 수 있을까? 아마 그 어느 것도 양보하지 못할 것이다. 이 모든 것이 그의 삶을 채색할 여러 빛깔의 물감이니 말이다.

사람을 등지고 사람을 향해있는 사람.

난 그를 이렇게 소개하고 싶다.

사람들과 어울리는 것엔 큰 관심이 없는 것 같지만 그의 생각 그 사이사이엔 오로지 사람만이 가득하다. 그 많은 사람들의 이야기가 그의 마음에 소복이 담겨 고스란히 글로 그려져 나온다.

때로는 긴 소설이 되어, 때로는 짧은 소설이 되어, 또 때로는 물처럼 흐르는 생활의 글이 되어 말이다.

「상실의 시대」 속 그의 기억은 열여덟로 머물고 있을 나오코를 아직도 사무치게 그리워하고 있을까? 사람을 사랑한다는 것의 지독한 외로움을 느꼈던 십대후반의 그의 기억은 이제와 어떤 빛깔로 가슴에 새겨져 있을지.. 그의 책을 읽으며 나는 그에게 조금씩 더 다가가고, 다가가면 갈수록 묻고 싶은 게 점점 더 늘어난다. 책을 통해 만난 그는 어느새 옆집에 사는 이웃처럼 가깝게 느껴지고, 그가 좋아하는 음악이 흘러나올 때면 왠지 그를 불러내어 요즘 쓰고 있을 책 이야기를 들어야할 것 같다. 때로는 마음의 처방이 필요할 때도 그에게 도움을 청하고 싶다. "하루키씨, 오늘은 마음이 축 가라앉네요.. 글렌굴드[25]의 바하가 조금의 위안을 주지만 이 음악과 함께 어떤 책을 읽으면 마음에 생기가 돋을까요?" 그에게 이렇게 물어본다면 잠시의 머뭇거림도 없이 몇 권의 책을 내 주지 않을까?

머리가 복잡하고 마음이 무겁게 내려앉을 땐 외국 작가들의 책을 번역하며 마음에 쉼을 준다는 하루키. 그렇게 한 권의 책 번역을 마치고나면 새로운 마음으로 자신의 이야기를 펼칠 힘이 생기고, 그렇게 또 그의 풍경을 거친 작품이 세상에 나온다.

로마의 음습하고 어둡고 차가운 아파트에 머물며 글을 지어내던 80년대 후반, 그곳에서 느꼈을 그의 상실감은 어떤 색으

---

25) 캐나다의 피아니스트로 독창적인 바흐 해석자로 명성을 얻었다.

로 번져 기억에 남아 있을지..

여자들은 발을 들여놓을 수도 없는 그리스 아토스 섬의 수도원을 차례차례 돌며 수도승과 같은 행색으로 거칠게 길을 저어갈 때 스치듯 지나가던 바람은 어떤 맛이었을지..

터키의 차이하네 에서의 차이 맛은 우리네 홍차와 어떻게 다른 느낌으로 전해졌을지..

묻고 싶고 듣고 싶은 이야기가 꼬리에 꼬리를 문다.

그의 글을 하나씩 마주할 때면 그만의 깊이와 색이 점점 더 진하게 다가오고, 자연스레 음악을 찾고 있는 나를 발견한다. 「중국행 슬로보트」를 읽을 때면 소니 롤린스의 'On a slow boat to China'를 찾게 되고, 「상실의 시대」를 읽을 때면 비틀스의 '노르웨이 숲'이 궁금해진다. 「색채가 없는 다자키 쓰쿠루와 그가 순례를 떠난 해」는 또 어떤가. 난 이 소설을 읽으며 리스트의 '순례의 해'를 무한반복 들으면서 주인공 다자키 쓰쿠루의 형태없는 슬픔에 슬쩍 동승했다.

글과 함께 흐르는 음악은 그의 글이 내게 주는 또 하나의 즐거움이다. 그는 매번 새로운 음악을 내게 선물처럼 안겨 준다.

하루의 시작을 글로 시작하는 하루키. 정해놓은 양 만큼의 글을 매일 쓰면서 더 쓰고 싶은 유혹도, 덜 쓰고 싶은 유혹도 모두 이겨내며 규칙적인 일상을 고수하는 그 만의 삶의 방식은 그의 달리기에서 더 선명하게 다가온다. 그는 정해놓은 거

리만큼 매일 달린다. 그곳이 낯선 여행지라 할지라도 그의 달리기는 멈추지 않는다. 그곳이 어디든 자신이 놓여져 있는 그곳에서 달릴 곳을 찾는다. 새로운 곳에서 새로운 공기를 가르며 낯선 곳을 향해 뛸 때 그의 가슴에 닿는 공기는 모두 다른 느낌으로 채워졌을 것이다. 그 느낌이 슬며시 흘러나와 그의 글 이곳저곳에 스며있다.

「상실의 시대」가 성공한 이후 무슨 이유에선지 딱딱하게 얼어붙은 그의 마음은 글을 다시 쓰는 데까지 상당한 시간을 필요로 했단다. 살을 파고드는 추위와 축축한 로마의 냉기는 그런 그의 마음을 더 꽁꽁 얼어붙게 만들었는데, 조금씩 봄기운이 싹트고 마음속 냉기가 빠져 나가면서 흐르듯 써진 소설 「잠」으로 그의 굳었던 마음도 시간의 찌꺼기들을 조금씩 걷어내고 아련히 다가오는 달빛처럼 곱게 젖어들지 않았을지.. 홀로만의 시간을 통해 자신을 만나는 「잠」의 주인공처럼 우린 때로는 타인과의 소통에 앞서 자기 자신과의 진정한 소통을 원하고 있는 건 아닐까?

내가 누구인지, 무엇을 원하는지조차 모른 채 시간을 저어나

간다는 사실에 때로 흠칫 놀라게 되는 자신을 발견할 때면, 하루키처럼 홀로 낯선 길 위에 서본다. 그처럼 뛰거나 혹은 걷거나..

매 순간이 내 안의 나를 만나는 시간이다. 그 시간 안에 그의 책을 읽으며 그의 지나간 시간과 현재의 시간을 잠시 빌려본다. 그리고는 내 시간을 다듬어본다.

그의 여행, 음악, 사람들로 나의 시간을 채우며..

무라카미 하루키

무지카 Musica
닐기리 윈터 플러시 Nilgiri Winter Flush

무라카미 하루키를 통해 레이먼드 카버라는
작가를 만났다. 하루키는 그의 책을 읽으며 점점 빠져들면서
팬이 되었고, 그의 책을 번역하며 많은걸 배울 수 있었다하니
하루키가 소개하는 카버의 글이 궁금하지 않을 수 없었다. 레
이먼드 카버의 책을 구해 읽다보니 하루키가 왜 그의 글에 빠
져들었는지 알 것 같았다. 카버의 사람을 향한 시선과 마음의

깊이는 카버와 하루키의 마음의 온도를 동시에 느껴지게 만들었다. 하루키는 왜 카버의 글에 영향을 받았는지 난 그의 단편을 하나하나 읽으며 그 마음의 선을 이어본다. 단편작가로 성공한 레이먼드 카버. 그의 글 속 사건과 전개는 빨려들 듯 몰입하게 만들었고, 한 편의 글이 끝날 때마다 전해지는 여운의 깊이는 시간이 지날수록 더 깊이 울렸다. 잔잔하게 마음에 스며드는 알 수 없는 온기는 마음을 느리게 적시고, 그가 바라보는 세상과 사람을 향한 시선은 촘촘하고도 깊게 다가왔다. 세상을 향한, 사람을 향한 그의 예리한 시선 속에 번지는 빛처럼 따스한 온기가 내 마음을 서서히 채운다.

외모에서 느껴지는 투박함. 하루키와 카버 둘 모두의 공통된 이 특징은 전혀 부드럽지도, 따스하게도 느껴지지 않고 오히려 살짝 차갑고 도도하게까지 느껴지지만 그들의 글을 따라 걷다보면 그 도도함 속에 보이지 않는 따스함이 가득 배어있으니, 그들의 내면의 방향은 오로지 사람을 향해있고 그 깊이는 헤아릴 수 없다.

그들의 시선 속에 머물고 싶어 또 다시 책을 집어 든다. 그리고 차를 고른다. 하루키와 카버, 이 두 사람을 생각하며 고른 차는 '닐기리 윈터 플러시'다. 찻잎 본연의 맛과 향으로 세련됨과 도도함을 두르고 따스함을 내어주는 차. 투박하고 커다란 네모 틴에 든 무지카의 닐기리 윈터플러시는 내게 도도

한 차다. 히말라야 산자락에서 봄 다즐링이 나오기도 전에 인도의 저 남쪽 지방 닐기리에서 12월과 1월 사이에 채엽해 만든 차. 물론 우리네 겨울과는 다른 겨울이지만 해발고도가 2000m나 되는 카이르베타kairbetta 다원의 이 시기 기후는 건조하고 제법 낮은 기온이다. 쌀쌀맞은 기후를 버텨내고 새순을 내보인 여린 찻잎들이 반갑다. 초록이 가시지 않은 흐릿한 초록과 밤색의 기운이 어우러져 봄 다즐링의 느낌을 살짝 비춰주지만 윈터 라는 단어가 주는 차가운 기운은 쉽게 가시지 않는 냉기를 품고, 고생길에 어렵게 살아남아 여기까지 온 것 같아 기특하기까지 하다.

바랜듯한 옅은 갈색과 푸른 녹색의 기운은 아무리 봐도 다즐링 1st flush보다 강인한 외모를 자랑한다. 비리지 않은 비릿함과 차가운 구수함은 도도한 향으로까지 번진다.

다가가기 힘들지만 자꾸 다가가고 싶은 상대를 향한 끌림이 있다. 그 끌림은 사라지지 않는 매력을 품고 마음속에 오래 머문다. 잔에 담긴 찻물의 차분하고 여린 수색은 겨울을 이겨낸 맑은 봄빛이다.

투명하게 맑다. 이 영롱한 결정체는 햇빛을 받아 반짝이는 아침 이슬을 떠올리게도 하고, 초봄 나뭇가지 위에 매달린 봄서리를 떠올리게도 한다. 첫 모금의 고급스럽고 세련된 맛은 포근함 마저 품고 있지만 한없이 다가가다 보니 후미가 쌉싸래하다. 식은 후 마셔보니 조금 더 쌉싸래해졌다. 더 이상 다가오지 말라는 도도함을 단호하게 비추듯..

겨울 향기가 나는 닐기리의 윈터 플러시는 하얀 눈 속을 비집고 올라오는 초록의 새순을 떠올리게 하고 따뜻함을 한껏 품은 도도함은 시야에 사라지지 않을 만큼만을 허락한다.

뭐가 이리도 마음을 들었다 낳다 하는 겐지..

식은 찻잔에 남겨진 과일 향에 마음을 녹이며 난 또 하루키의 책을 고르려 슬쩍 몸을 일으킨다.

Hermann Hesse (1877-1962)

알을 깨고 나오듯...

자신의 내면 소리에 귀 기울이며 깊숙이 들어갈 수 있는 자각의 힘이 있다면 헤세의 글은 내면의 바닥 깊은 곳까지 가 닿을 수 있다. 그의 글은 영혼의 속삭임이다. 영혼을 깨우는 글..

방랑하는 인물과 묵묵히 주어진 삶에 순응하는 인물. 그의 소설 속엔 대립되는 이 두 인물이 자주 등장하는데, 그들은 헤세의 내면에서 충돌하는 자아의 모습으로 비춰진다. 분열하는 내면 자아의 모습을 통해 삶을 성찰하게 만드는 그의 글은 때로는 신비로움마저 불러일으킨다.

윤회를 떠올리게 하는 글, 무의식의 세계가 느껴지듯 현실과 동떨어진 몽롱함에 사로잡힌 글.

그의 글은 그대로 내게 닿아 현실의 고단함을 잠시 망각하게 만드는 힘이 있다.

나이가 들어감에 따라 점점 더 세속의 삶으로부터 동 떨어지는 그 안정감에 나도 슬쩍 편승하고 싶어지는 마음이 일고, 그의 생각에 닮아갈수록 편안해지는 마음은 그 자체로 명상이 된다.

전쟁이 그에게 주었던 아픔은 글을 통해 새어나오고, 새어나온 글은 극심한 억압을 받게 되고, 그 억압은 맑은 그의 영혼을 병들게 만들었다. 그른 것이 옳다고 여겨지고, 옳은 것이 그르다 여겨지던 시절. 그 시절 그의 내면은 싸늘하게 어둡다. 그 어둠은 또 다시 글이 되어 지어지고, 그의 글을 통해 시간을 거슬러 그의 공간에 한참을 머물다보면 슬며시 내 안의 내게로 가는 길이 보이고, 헤세를 통해 내안으로 가는 열린 그 길을 걸으며 사색과 명상 속에 머무는 또 다른 나를 발견한다.

「황야의 이리」의 하리할러는 방황하는 그 시절 헤세의 모습이며 어쩌면 요즘의 우리 모습이기도 하다. 세상에 속하지 못하고 인간이길 거부하는 이리의 속성과, 그 깊은 속에서 발견

되는 인간의 본성이 수천 개의 자아로 분열되는 극도의 혼란스러움을 몽환적으로 그린 소설. 그가 정신적으로 가장 힘든 시기에 내면속으로 침잠하는 영혼의 어둠이 어디까지 닿을 수 있는지를 엿  볼 수 있는 글이다. 하리 할러는 당시 영혼의 병을 앓고 있던 헤세 그 자신이다. 세상 속에 섞이지 못하고, 죽음에 대한 두려움에 갇혀 있으면서도 자살이 마치 숙명 인듯 여기며 살아가는 아픈 영혼. 그건 전쟁이 그에게 준 상처였으며, 아내로 인한 상처였으며, 무엇보다 정신적으로 황량해져가는 세상이 그에게 준 상처였다. 끝없이 안으로 향하는 그의 성찰은 그를 앞으로 나아가게 하는지, 아니면 세속에서 점점 더 멀어지는 미치광이로 내몰고 있는지.. 헤세의 고통스런 안으로의 성찰과 무너지는 문명에 대한 비판이 아프고도 아름답게 그려졌다.

그는 인생 후반에 「유리알 유희」라는 철학과 음악과 종교적인 색채를 지닌 하나의 유희와 그 유희의 명인을 만들어 냄으로써 자신이 전달하고자 하는 삶의 무게를 지칠 듯 심오하게, 무거운 듯 가볍게, 세속의 삶과 갇힌 삶의 대비를 통해 보여주

203

었다. 무결점으로 보이는 유토피아적 삶 속에도 결점은 있기 마련이고, 우리네 삶 어디에도 만족할 수 있는 삶의 형태는 찾을 수가 없다. 이러한 삶의 순환 고리는 삶과 죽음의 경계도 무색하게 영원히 돌고 도는 원형의 모습으로 그려진다. 어떻게 해석되어지고 풀어져야 하는지 끊임없이 되묻게 만드는 그의 글을 통해 삶과 죽음에 대한 생각은 쉼 없이 이어진다.

그는 세상에 많은 글을 지어 내어놓고 숱한 생각을 품게 만들고는 삶의 뒤편으로 홀연히 사라졌다. 그의 빈자리엔 그의 사색과 철학이 남아있고, 우리에게 여전히 끊임없는 질문을 던진다. 답을 찾는 길 위에 서성이다보면 풀릴 것 같지 않던, 어렵게만 느껴지던 문제들도 그의 생각을 닮아가다 보면 어느새 서서히 답을 향해 가는 길 위에 서있다.

그는 나라가 준 상처로 독일에 머물지 못하고 스위스 몬타뇰라Montagnola 작은 마을에 정착해 그곳을 제2의 고향으로 삼으며 인생의 나머지 반을 보냈다. 삶의 마지막 순간도, 그리고 죽음 이후에도 줄곧 그곳에 머물길 바랐던 헤세는 정원을 가꾸며 글을 쓰고 사색을 하고 그림을 그리며 그를 괴롭혔던 시간들을 뒤로한 채 나서지 않는 고요한 시간들을 그곳에서 보냈다. 꽃과 나무를 가꾸고 낙엽을 태우던 그의 손길은 또 하나의 사색이 되어 글에서, 그림에서 선연히 드러난다. 구름처럼 살길 원했던 헤세의 고정되지 않은 방랑의 혼은 여전히 몬타뇰라 작은 마을 거리 곳곳에 머무르고 있을 것만 같다.

그의 정원을 걷고 싶다. 그가 손수 가꾼 정원에서 그 풍경을 그리던 그의 모습을 떠올려보고 흙을 태우며 명상에 머무르고 있었을 그를 그려보고, 따사로운 햇살 아래 잠시의 휴식을 취했을 그를 상상하며 그의 정원을 거닐다보면 그가 자연에서 얻은 깊은 사색의 힘이 내게도 생겨나지 않을는지...

그의 정원에서 마시는 한 잔의 차는 그가 가꾼 온갖 꽃향기로 다가올지, 그가 태우던 흙냄새로 다가올지, 그를 향한 모든 궁금증은 그의 흔적이 남아있는 몬타뇰라 그의 정원에서 답을 얻을 수 있다면 좋겠다.

숱한 불면의 밤을 차와 함께 내 곁에 있어 주었던 작가 헤르만 헤세..

그와의 인연은 내 영혼의 깊은 울림이다.

헤르만 헤세

로네펠트 Ronnefeldt
모르겐 타우 Morgentau

헤세를 생각하며 차를 고르려고 찻장에서
서성이다 책장으로 눈길을 돌리니 헤세의 책만 모아놓은 책꽂
이 한쪽이 눈에 가득 들어온다. 읽고 또 읽어도 새로운 세계로
계속 안내하는 그의 책은 마음이 쉴 수 있는 자리를 만들어 놓
고 늘 내게 말을 건다.

헤세의 삶은 사랑과 방황하는 영혼과 신을 향한 끊임없는
질문, 그리고 자연과 하나가 되는 것이었다. 사랑이 허용된 우
정, 「나르치스와 골드문트」를 읽다보면 정신과 의지, 이성에

따라 삶의 지도를 그려가는 나르치스와 마음이 이끄는 대로 자유분방한 삶의 길을 떠나는 골드문트를 만나게 된다. 수도원에서 만난 이 둘의 깊은 우정의 끝은 사랑이다. 이 사랑이야말로 덧없거나 무상함이 아닌 진실된 영혼의 샘에서 넘쳐흐르는 가치 있는 것으로 느껴진다.

긴 세월동안 떨어져 각자의 삶을 살아가지만 자신의 인생길 위에서 단 한 번도 서로를 잊지 않고 마음에 품고 살았던 그들. 사람이 사람을 사랑한다는 것의 아름다움은 이성과 동성의 벽마저 허문다.

이 둘의 사랑에는 아픔, 그리고 그리움과 끝없는 믿음만이 존재한다. 있는 그대로를 마음에 받아들여주는 존재 자체에 대한 사랑과 믿음. 완벽하게 다른 색을 가진 두 인물인 나르치스와 골드문트가 내게는 헤세 내면에서 극으로 갈라지는 그 자신의 모습으로 느껴졌다. 한쪽의 나르치스와 또 다른 쪽의 골드문트가 그의 내면에서 공존한다.

삶은 그저 자연스레 흐르는 것처럼 보이지만 그 흐름 속엔 끔찍한 줄기들이 곳곳에 포진해있고, 그 사이사이 헤집고 지나다보면 어느새 삶의 마지막 지점에 다다르게 된다.

골드문트의 마지막 순간을 지켜보며 삶의 지난함이 실감되었다.

헤세의 소설을 읽다보면 그 여운이 상당히 길다. 책을 끝내고 덮은 뒤에도 남은 여운에 잠시 정지화면처럼 그대로 시간을 붙잡고 앉아 있다가 소설 속 인물들의 지나온 삶의 궤적을 뒤로 짚어 가다보면 늘 시간은 저만치 달아나 있다.

흐르는 강물을 바라보며 삶의 모든 지혜를 길어 올린 헤세의 또 다른 책 「싯다르타」는 그의 더 깊은 내면으로 향하는 길을 내게 허락한다. 자아의 근원을 파헤치는 그의 여정은 고되고도 고되지만 결국 삶의 지혜는 그 누구에게도 배울 수 없다는 사실을 깨닫고 먼 길을 돌고 돌아 흔들림 없는 내면으로 돌아오는 그의 삶의 길을 따라 걷다보면 말없는 자연이 주는 가르침의 감동은 마음에 깊이 새겨진다.

자연과 가까운 사람, 정원에서 보내는 시간을 행복해했던 헤세, 이슬처럼 맑은 그의 영혼에 어울리는 차를 고른다. 그를 떠올리며 집어든 차는 아침이슬 이라는 예쁜 이름을 가진 독일 로네펠트Ronnefeld의 '모르겐 타우Morgentau'다. 로네펠트의 차는 대체적으로 정갈하고 깔끔한 느낌을 준다. 과하지도 모자라지도 않은 적당함, 그 질서 잡힌 맛이 주는 단정함이 좋다.

찻잎을 꺼내 덜어내 보니 싱싱한 풀잎처럼 베이스가 센차[26]다. 그린의 파릇한 기운에 노랑, 빨강, 파랑.. 화려하게 꽃이 피었다. 마치 헤세의 손길이 묻어나는 그의 정원처럼 말이다. 해바라기, 장미, 수레국화의 꽃밭 사이로 녹차 향과 함께 달콤한 자연의 향이 피어오른다. 아지랑이 피어오르듯 예열된 티팟 사이로 맑은 향이 새어나오고, 세련된 듯 소박하게 올라오는 향은 부드럽게 원을 그리며 가라앉는다. 내게 녹차는 봄을 연상 시키지만, 이 녀석은 여름의 시작을 알린다. 싱그런 여름의 향기를 가득 담은 헤세의 차, 모르겐타우는 내게 그런 기억으로 오래 머무를 것 같다.

여름의 정원이 느껴지는 모르겐 타우를 마시며 헤세의 책 「정원에서 보내는 시간」을 다시 집어 든다. 꽃을 가꾸고, 가꾼 꽃들을 그리며 시를 쓰고 있을 그를 마음속에 그리며..

구름을 사랑한 방랑자 헤세. 그는 사람들의 거친 시달림 속에서 마음의 병을 오래 앓기도 했지만 그 힘겨운 시간을 헤치고 나와 타인들의 시선을 거둘 수 있는 힘을 얻었다. 세상의

....
26) 일본을 대표하는 잎녹차. 전체의 85%정도를 차지하는 일본의 대중적인 녹차다.

시간은 그렇게 흘러가도록 내버려두고 자신의 시간을 살면서 그림을 그리고, 글을 쓰고, 정원을 가꾸며.

그가 정원에서 보낸 그 시간의 흔적들을 그러모아 내 시간 안에 뿌려본다. 거칠게 지나온 그의 시간의 가루들은 내려놓고 비울 수 있는 삶의 지혜가 되어 내 안에 새로운 싹을 틔우기를.

Hermann Hesse, Klingsors Balkon, 1931

니코스 카잔차키스

Νίκος Καζαντζάκης (1883–1957)

시각, 후각, 촉각, 미각, 청각, 지성 - 나는 내 연장들을 거둔
다. 밤이 되었고, 하루의 일은 끝났다. 나는 두더지처럼 내 집
으로, 땅으로 돌아간다. 지쳤거나 일을 할 수 없기 때문은 아
니다. 나는 피곤하지 않다. 하지만 날이 저물었다.

니코스 카잔차키스의 「영혼의 자서전」 프롤
로그 첫 머리에 나오는 글이다. 자서전은 조상들, 아버지, 어
머니, 그리고 아들... 그렇게 자신의 삶의 궤적을 따라 하나씩
정리하며 시작된다. 그는 이 자서전을 세상에 내 놓고 얼마 안

되어 죽음을 맞이했다. 곧 저물게 될 자신의 삶을 알아차리고 하나씩 살아온 인생을 더듬어가며 그는 내면의 시간과 주변의 시간을 정리해 나갔다. 그 마지막 길을 따라 가다보니 문득 미국의 경제학자인 스콧 니어링의 죽음이 떠오른다. 조화로운 삶을 위해 평생을 노력했고, 자신의 죽음 또한 자신이 거두는 자연스런 죽음으로의 길을 걸어간 사람. 살아있으면서 자신의 죽음을 준비하는 결연한 이들의 모습을 보면서 메멘토 모리[27]의 울림이 새겨진다.

평생을 삶과 죽음에 대한 생각과 고뇌에서 자유롭지 못했고, 죽음을 이해하기 위해 노력했지만 끝내 그 문제를 풀지 못했던 순수한 영혼. 크레타의 흙을 사랑하고, 그 안에서 자유롭지 못한 자유를 누렸으며, 그 흙으로 돌아가길 간절히 원했던 그가 가장 두려워했던 대상은 아버지였다.

평생을 아버지의 그늘에서 벗어나지 못한 채 빛 속으로 나

---

27) Memento mori '자신의 죽음을 기억하라'는 뜻의 라틴어

아갈 수 없었던 삶의 흔적을 그는 글을 통해 환생시켰으며, 글만이 그의 삶을 비추는 환한 등대가 되어주었다.

오랜 세월 방랑했던 그는 여행과 꿈이 그의 길동무가 되어 심연을 헤매는 그의 어두운 여정에 꺼지지 않는 희미한 불꽃으로 삶을 지탱하는 힘이 되어 주었다. 방랑의 혼은 그를 세계 이곳저곳으로 떠돌게 만들기도 했지만 자기 마음 안에서 자유롭지 못했던 그는 진정한 자유인 이었던 한 사람을 끔찍이 동경하게 되는데, 그가 바로 영원한 자유인 조르바다. 카잔차키스는 조르바를 만난 이후 평생 그를 마음속에서 놓지 못했다. 인생의 길잡이로 한 사람을 꼽으라면 그는 이 자유로운 영혼의 소유자 조르바를 택하겠단다. 거친 인생길에서 우연히 만난 투박한 사람 조르바. 하고 싶은 모든 이야기를 말로 쏟아내기 부족할 땐 온몸으로 표현할 줄 아는 자유로운 영혼이다. 그는 카잔차키스에게 삶의 새로운 길을 저어나갈 용기를 주었다. 생각한대로, 느끼는 대로 거침없이 말하고 표현하고 싶지만 스스로 이성의 틀을 깨고 비집고 새어나오지 못하게 만드는, 그저 글에 갇혀 지내는 그에게 조르바는 자유의 날개를 달아 주었다. 그 둘의 사랑 깊은 우정은 내 마음마저 따스하게 물들인다. 부러운 인연이다. 이 둘은 전혀 다른 인간의 모습으로 만나 서로에게 큰 사랑의 기운을 불어넣어 주지만 이별의 시간 앞에서는 피할 수 없는 검은 슬픔이 깊게 서린다.

스스로를 세계를 만지는 촉수가 다섯 개 달린 덧없는 동물이라고 표현한 카잔차키스는 일생동안 세계 이곳저곳을 돌아다니며 보고 느끼고 채우는 시간으로 여린 영혼을 단단하게 키워나갔다. 자유에 대한 갈망은, 익숙함이 주는 두려움에 머물지 못하도록 그를 낯선 곳으로 이리저리 옮겨놓았는데, 그의 여정을 따라가다 나의 발길이 머문 곳은 일본이다. 그가 느끼는 일본에서 차의 향기가 진하게 퍼지니 내 발길은 자연스레 그곳에 머물게 되고 느리게 걷기 시작한다.

다도와 게이샤와 아름다운 정원이 있는 곳. 카잔차키스는 그곳에서 가장 빛나는 순간의 고대 그리스를 떠올렸다. 벚꽃 향기 가득한 교토의 좁은 밤거리를 그의 눈과 가슴이 닿는 시선을 따라 산책하듯 천천히 따라가다 보니 그의 감성에 저절로 물든다. 따각 거리는 게다 소리의 울림과 길에서 마주치는 수줍은 미소의 마이코[28]와 농익은 미소의 게이샤를 스치며 낯선 설레임을 느꼈을 그가 보이고, 신기루 같은 풍경의 황홀함

....
28) 보통 15~18세의 소녀들로 이루어진 수습과정의 예비 게이샤이다.

215

에 서성거렸을 그의 두근거림마저 느껴졌다면 나의 짓궂은 상상이려나?

정원을 거닐며 그는 다도의 대가 리큐선생을 떠올린다. 일본의 정원 중에서도 최고봉은 차 정원이다. 고립과 명상을 떠올리게 되는 차 정원을 지나 다실 안으로 들어서면 고요한 정적 속에서 규칙적으로 끓는 찻물의 속삭임이 들리고, 그 속삭임은 설대고독을 향했으리라.

나는 정원으로 나갔다. 그 모든 침묵과 다도의 느린 리듬은 나의 피 속에 고요함을 불어넣었다. 불현 듯 언젠가 정오에 미코노스 섬에 도착해 주변 언덕에서 풍차가 햇빛을 받으며 천천히 움직이는 것을 본 기억이 떠올랐다. 그리고 그 빛이 나의 마음을 어떻게 사로잡았는지 기억났다. 그 순간 풍차의 느린 움직임이 매우 강렬하게 다가와 나의 피도 그것과 동일한 리듬으로 도는 것만 같았다. 그 순간과 마찬가지로 지금도 내 마음은 완전히 다도에 사로잡혀 버렸다.

- 카잔차키스의 「천상의 두 나라」 중

아무리 이해하려해도 쉽게 이해되지 않아 오히려 슬픔이 느껴진다고 했던 차와 정원을 통해 본 다도정신. 다도를 경험하며 그의 마음에 일었던 느린 고요함이 어떤 것인지, 신비로움 속에 퍼지는 평안함이 어떤 것인지 그의 글은 오롯이 전해준다. 그는 살아가면서 이 순간을 떠올리며 리큐 선생의 와비다도의 정신을 조금씩 이해 할 수 있었을까? 그래서 이해되지 않는 슬픔에서 천천히 벗어날 수 있었을까?

그의 눈에 비친 신비로운 관능의 나라 일본을 그의 시선과 감성으로 함께 따라 걸으니 다도는 내게 또 다른 색으로 번져 방황 속에서 헤매는 그의 사유의 길에 나란히 함께 하게 된다.

니코스 카잔차키스

루피시아 Lupicia
카라코로 からころ

일본을 처음 여행한 건 95년 겨울이니 지금
으로부터 20년도 더 전의 아득한 기억이다. 그때 처음 교토를
가보고는 정갈하고 단정한 거리와 일본 고유의 분위기에 흠뻑
취해 그곳에 좀 더 머물고 싶다는 마음이 일었었다. 그 진한 기
억 때문일까? 일본에 가려하면 늘 교토로 발길이 향하는 것은..

차를 좋아하고 부터는 교토를 가게 되는 일이 더 늘어났다.
교토의 기온거리를 걸으면 잠시 시간을 거슬러 시간여행자의 기분이 된다. 좁은 골목길을 따라 옹기종기 줄을 선 낮은 목조 건물들은 일본 고유의 옛 모습을 마음껏 상상할 자유를 주지만 결코 그 안의 모습은 비치지 않으려는 듯 은밀한 기운을 흘리고, 호기심과 단절감이 교차하는 그 거리의 매력은 풀리지 않는 숙제처럼 쉽게 가시질 않는다. 내가 교토로 자꾸 발길이 향하는 건 이런 끌림 때문인지도 모르겠다.

이 거리를 걷다 보면 마이코 복장을 하고 화장을 짙게 한 여인들을 간혹 만날 수 있는데 처음엔 실제 게이샤나 마이코를 본 줄 알고 놀랐지만 알고 보니 대부분 관광객들이 마이코 분장을 하고 거리를 걷는 체험을 하는 것이었다. 게다를 신고 따각거리면서 걷는 그 모양새가 어설프게 보였지만, 사람들의 시선을 부끄러운 듯 또 조금은 과시하는 듯 의식하는 모습이 영락없는 관광객의 즐거운 마음으로 비춰졌다. 짙은 화장과 올린 머리 그리고 기모노의 화려함은 채도가 낮은 그 거리에 화사함을 안겨주었다.

게다소리를 들으며 조금 더 걷다보니 커다란 강이 눈앞에 펼쳐졌다. 카모강 이다. 좁은 거리를 벗어나 확 트인 강을 맞는 시원함은 소멸과 생성의 교차점을 마주한 듯 일순간 담아내기 힘든 광활함으로 눈에 닿았다. 좁음과 넓음의 대비로 순간 눈과 마음의 적응 시간이 필요했고 불어오는 바람과 지는 석양의 하늘 빛깔이 마음의 추스림을 도와주었다. 서서히 강

219

의 풍경이 눈에 들어왔다. 강 아랫길을 따라 걷는 사람들과 시원한 맥주 한 잔을 들이키며 앉아서 쉬는 사람들의 수런거림이 들리고 어디선가 반주 없는 일본 노래가 구슬프게 들려왔다. 시원한 강바람을 타고 들리는 단조 가락의 구슬픔은 기대 없는 기다림을 노래하는 듯 건조한 슬픔으로 가득 차 있었다. 마음에 어떤 슬픔이 차있기에 저런 울림이 새어나오는 걸까? 멀어지는 노랫소리를 놓치지 않으려 마음의 선을 그 리듬에 맞추며 조금 더 걸었다.

산조거리와 테라마치 거리가 만나는 곳에 다다르니 반가운 루피시아 매장이 눈에 들어왔다. 차의 향이 진하게 울리는 그 곳이 반가워 그 향을 따라 안으로 들어가니 마음이 쉴 수 있는 아늑함과 따스한 온기로 그곳은 내게 잠시의 쉼을 허락한다. 매장 안은 생각보다 훨씬 넓었다. 루피시아는 지역마다 한정 블랜딩 차를 팔고 있는데, 그 지역에 가야만 살 수 있다는 은근한 유혹은 한정 홍차의 얄미운 매력이다. 교토에 왔으니 교토에서만 구할 수 있는 한정차가 무엇인지 살핀다. 몇 가지 종류의 차 중에서 가장 먼저 눈길이 닿은 건 화사한 기모노를 입고 어딘가를 응시하는 우수에 찬 눈빛의 게이샤 그림이 인상적인 '카라코로'다. 카라코로는 게다의 따각 거리는 소리를 표현한 말이다. 교토를 가장 잘 표현한 홍차란 생각에 머뭇거림 없이 집어 들었다.

Tea Ceremony, Ginko Adachi,1890

홍차를 집어 드니 예전에 본 롭 마샬 감독의 「게이샤의 추억」이란 영화가 떠올랐다. 어린 나이에 가난 때문에 팔려가 열다섯이 되기 전까지 마이코로 힘든 시절을 견뎌야했던 한 여인의 애환이 담긴 영화. '게이샤는 세상 모든 아름다움을 다 가질 순 있어도 사랑만큼은 선택할 수 없다'는 영화 속 대사는 결코 행복할 수 없는 그녀들의 운명을 예견하기라도 하듯 비장하게 들린다. 짙은 분장 속에 꾹꾹 숨겨진 그녀들의 슬픔이 느껴졌던 이 영화의 원작 소설을 쓴 작가 아서 골든과 카잔차키스, 그들의 눈에 비친 게이샤와 일본의 신비는 그들에겐 낯선 나라였을 이 섬나라 일본으로의 발길을 부추겼나보다. 짙은 화장 뒤에 숨겨진 고독과 진한 슬픔, 그리고 꺼낼 수 없는 홀로의 사랑이 느껴져 그녀들의 미소는 오히려 슬프게 다가온다. 카잔차키스가 그녀들을 인터뷰하며 인생의 기쁨을 물으니 되돌아온 대답은 슬픔뿐이라는 말이었다. 자신을 그곳에서 구원해 줄 사랑하는 한 남자의 선택을 기다리던 여린 여인들의 삶에서 어두운 침묵을 지킬 수밖에 없었을 카잔차키스의 안타까운 표정이 느껴진다.

동그란 틴에 그려진 화사한 기모노를 입은 게이샤의 핏기 없는 얼굴을 한참 들여다보니, 그녀의 꼭 다문 입술은 결코 모든 걸 말할 수 없는 지난한 과거를 삼키고 있는 듯 침묵의 화려함만을 품고 있다. 교토에서의 기억을 더듬으며 차를 우리려 틴을 열고 안에 든 봉투를 집어 들어 향을 맡으니, 문득 목조건물 사이를 비집고 걸으며 보았던 기온거리에서의 느린 풍경과 카모강 가에서 불어오던 한 줄기 바람의 기억이 되살아난다. 그 기억 사이로 찻잎에서 올라오는 향기가 이어지는데, 코끝을 맴도는 첫 향은 매화향이다. 자신의 마음이 고요에 머물 수 있을 때 비로소 느낄 수 있다는 매화향. 그 그윽한 향기가 맘속을 파고든다. 겨울의 끝과 봄의 시작을 알리는 매화, 차가운 기운을 뚫고 피어나는 매화의 여린 강인함은 게이샤 그녀들의 삶을 닮았다. 찻잎을 덜어내니 찻잎 사이사이 매화꽃이 핀듯 팝콘이 들어앉아있다. 찻잎에 팝콘을 넣을 생각을 하다니 그들의 재미난 상상력에 마음이 즐거워진다. 찻잎 사이 투명하게 빛나는 네모난 조각들은 슈가 큐브다. 자잘한 꽃봉오리들도 쏟아져 나오는데 이 녀석들은 히스플라워이고, 매화향 뒤로 유자향이 슬며시 따라 올라온다. 고혹한 아름다움 안에 화려하고 달콤하고 앙증맞기까지, 어린 마이코와 농

222

염한 게이샤의 매력 모두를 찻잎에 담아내었다. 화려한 블랜딩 후에 느껴질 차의 맛이 살짝 걱정되기도 했는데, 우리고 마셔보니 수렴성 없는 깔끔한 맛에 이내 안심이 되었다. 은은한 향은 마시는 내내 사라지지 않는다. 다 마신 후에도 여운은 길게 남아 마음에 닿은 채 사라지지 않는 건 차의 향 때문일까, 맛 때문일까, 여인들의 지난한 삶의 향기 때문일까...

찻잔 주위를 맴도는 향에 마음은 잠시 교토의 뒷골목을 추억한다. 그리고 그 골목 어딘가에서 서성거렸을 니코스 카잔차키스의 시선도 느껴본다. 숨 막히게 살았던 여인들의 지친 시간들과 고단한 삶의 무게가 은은한 매화 향에 묻혀 잔잔하게 마음에 고인다.

Albert Samuel Anker, 1897

인연
IV

Lover's Leap Mabroc | Nuwara Eliya
| 臻味茶苑 | 佛手茶 | 인도 짜이 | Yinya
| 大红袍 | Dilma | English Afternoon

'茶'를 통해 새로운 인연에 물든다. 차가 아니었음 그저 스치듯 지나쳤을 사람들.. 사는 곳도, 자라온 환경도 품은 생각도 다른 그들이 조용히 내 삶에 스며들었다. 그들은 마음 속 곱게 자리를 잡고 내 시간과 공간을 채워준다. 차를 우리는 모습을 배우고, 차를 마시는 모습을 닮게 되고, 차 한 잔으로 삶을 나누게 되는 그런 소중한 시간들이 내 안에 차곡차곡 쌓인다. 한 잔의 차는 공간 밖으로 나를 끄집어내는 힘을 불어넣어 소중한 인연들로 향하게 한다.

'차'로 만난 인연은 계속 이어지고..

여름의 끝자락, 경복궁 자경전에서는 차축제가 화려하게 열렸다. 낯선 익숙함이 깃든 풍경 속에 그윽한 차향이 흐르고, 자연스럽고도 익숙한 손길로 차를 우리는 다인들의 모습이 그림처럼 다가왔다. 2012년 어느 여름날, 자경전은 전국에서 올라온 다인들의 화려한 차축제가 한창이었다. 그 낯선 풍경을 찾아 나선 건 내게 홍차 사랑의 작은 불씨를 던져주신 최희숙 선생님의 차회를 보기 위해서였다.

선생님과 나는 블로그 이웃으로 만난 인연이다. 어느 날 우연히 방문하게 된 선생님의 블로그에는 커피와 차, 그리고 찻잔에 대한 글이 꼼꼼히 소개돼 있었고, 그릇에 관심이 많던 나는 이런저런 궁금한걸 묻고 또 선생님은 친절히 답변해 주시며 우린 매일같이 온라인상에서 만나게 되었다. 책에서 찾지 못했던 재미난 찻잔 이야기와 차 우리는 방법 등 블로그엔 재미나고 신기한 이야기들이 가득 담겨 있었고, 난 매일 밤 식구들이 모두 잠든 조용한 나만의 시간이 되면 선생님의 블로그로 슬며시 찾아가곤 했

다. 궁금한 건 하루하루 지날수록 계속해서 불어나고, 그 궁금증을 풀기위해 댓글로 이것저것 물으면 선생님은 내가 원하던 답을 상세하게 적어 올려 주셨다. 한 가지가 해결되면 또 다른 질문이 생기고, 그렇게 매일같이 뭔가를 끊임없이 묻고 답하며 선생님과는 조금씩 정이 쌓이기 시작했다.

그러던 어느 날 선생님은 내게 택배 상자 하나를 보내주셨고, 받아 본 그 상자 안엔 이름도 낯선 다양한 홍차가 한가득 들어있었다. 몇 번에 나누어 마셔볼 수 있게 조금씩 소분을 하여 꼼꼼히 이름을 적고, 또 마시는 방법까지 친절히 적어서 상자 안에 담아 보내 주셨다. 음... 홍차의 종류가 뭐가 이리 많

은 걸까? 보내주신 홍차들을 제대로 마시려면 뭔가 공부가 좀 필요하겠다 싶어 난 바로 서점으로 달려 나갔고, 달려 나간 그 길이 내게 홍차의 세계로 빠져드는 길이 될 줄은 그땐 몰랐다.

선생님에 대한 고마움은 나를 오프라인의 공간으로까지 끄집어내서는 경복궁 자경전으로 향하게 만들었고, 그렇게 글로만 만나던 선생님을 실제로 만나 뵙게 되는 가슴 설레는 일이 벌어졌다. 자경전 마당에 화려하게 준비된 찻자리를 둘러보며 한눈에 선생님의 찻자리를 찾아내고는 선생님을 향해 천천히 다가갔다. 마른 체구에 수줍은 미소, 그리고 부드러운 손길로 차를 우려주시며 직접 구워 오신 스콘을 꺼내 건네주신다. 그때 마신 차 맛은 잘 기억이 나지 않지만 선생님이 해 주신 이야기는 기억에 선명하다. "이건 스리랑카의 누와라엘리아예요. 제가 가장 좋아하는 홍차이고, 오늘 이 차는 특별한 손님에게만 우려 드리려 갖고 왔어요." 하시며 가벼운 미소로 말을 건네시던 그 모습에 난 더위도 잊은 채 뜨거운 홍차를 달게 받아 마셨다. 처음 만나는 자리가 낯설지 않을까 배려해 주시던 그 마음이 읽혀 참 고마웠다.

자경전의 차회를 마치고 얼마 후 선생님은 바쁜 일정으로 블로그를 쉬게 되셨고, 선생님과는 그렇게 연락이 끊겨져버렸다. 그러나 건네주신 그 홍차사랑의 불씨는 내 안에서 계속해서 타올랐고, 난 다양한 책을 찾아 읽고, 여기저기 홍차수업을 찾아 들으며 그 사랑을 조금씩 키워 나갔다. 선생님과 블로그를 통해 더 이상 소식을 주고받을 순 없게 되었지만 그 고마운 마음은 항상 마음속 깊은 곳에 자리하고 있었고, 언젠가 꼭 다시 만날 수 있음을 믿었다. 그러한 믿음은 몇 년 후 결국 선생님과의 만남을 다시 이어 주었고, 그렇게 선생님과는 아주 특별한 인연의 고리를 이어가게 되었다.

남편의 출장길에 인도인으로부터 받은 비단 주머니 안에 들어있던 찻잎이 선생님을 홍차의 세계로 끌어 당겼단다. 모든 것은 작은 호기심에서부터 시작된다. 어떻게 마셔야 할지를 궁금해 하던 선생님은 일본에 가서 살게 되면서 본격적으로 홍차에 대한 공부를 시작하셨고, 그리고 홍차 인생을 걷게 되셨다. 자경전 에서의 만남 이후 3년이란 시간이 흐르고, 선생님과 다시 만나게 되면서 난 선생님이 홍차수업을 하시는 분이란 걸 처음 알게 되었으니, 이렇게 선생님을 곁에 두고도 알아채지 못한 채 홍차 수업을 찾아 듣겠다고 이리저리 바쁘게 움직였구나.

선생님과는 나눌 이야기가 많았다. 직접 뵙기는 두 번 뿐이었지만 글을 주고받으며 나눈 수많은 이야기는 이미 마음에 차곡히 쌓였으니 앞으로 함께 할 시간들이 더 기대가 되었다.

그 마음이 통했을까? 선생님은 집으로 초대를 해 주셨고, 그 만남 이후 선생님과의 찻자리는 잦아졌다.

제대로 차를 준비하고 함께 한 선생님과의 첫 찻자리는 아기자기하며 달콤했다. 굳이 달달한 티푸드가 없어도 될 만큼 함께 나누는 이야기 속으로 빨려 들어가다 보니 시간이 어떻게 지나가는지 모를 정도로 빠르게 흐르고, 이상한 나라의 앨리스가 토끼를 따라 시간 속으로 신기한 여행을 하듯 선생님과 차를 마시며 이야기를 나누다보면 어느새 동화 속 나라에 온 듯 아기자기하고 신이 났다. 어릴 적 소꿉놀이가 이처럼 달콤했을까? 새로운 차를 내어 주실 땐 그 차에 어울리는 찻잔으로 바꿔가며 또 찻잔에 대한 짤막한 사연을 들려주시고, 다즐링 다원 차는 거의 다 갖고 계시는 듯 궁금한 다원 이야기를 꺼내기가 무섭게 차를 가져와 바로 우려 주신다. 어디에 가서 이런 호사를 누릴 수 있을까.. 선생님과의 대화는 거의가 다 차와 찻잔에 대한 이야기다. 함께 차를 마시며 차와 잔에 얽힌 이야기로 시간 가는 줄 모르게 자리를 지키다보면 어느덧 해는 기울기 시작하고, 아쉬운 마음을 접고 나서는 길, 선생님은 두 손 가득 내게 홍차꾸러미를 쥐어 주신다. 예전 택배상자에 이것저것 챙겨서 담아 보내주신 그 고운 마음이 문득 떠오르고, 지척에 살면 참 좋겠다고 아쉬움의 인사를 나누지만 언제든 마음만 먹으면 이젠 함께 차를 나눌 수 있다는 생각은 맘속을 지탱해주는 든든함이다.

처음.. 처음 이라는 단어가 주는 낮설음과 생소함, 그리고 호기심. 그 처음에 세월의 깊이가 쌓여서 익숙함이 되고 그 익숙함에 정이 채워지고 믿음이 채워지고 신뢰의 탑이 쌓인다. 선생님과의 처음은 내게 특별하고 소중하다. 내 인생에 반짝거리는 불씨를 선물로 주셨으니 말이다.

마음에 품은 고마움을 표현하는데 서툰 편인 나는 이렇게 담긴 마음을 글로 풀어 놓는다.

茶로 만난 첫 번째 인연 최희숙 선생님, 고운 마음과 사랑스러움으로 떠올려지는 선생님과의 인연은 홍차와 함께 그렇게 시작되었고, 함께 할 앞으로의 시간은 더한 설렘으로 다가온다.

최희숙 선생님

러버스 립 LOVER'S LEAP MABROC
누와라엘리야 Nuwara Eliya

집을 나서는 길 양손 가득 챙겨주신 차를 집에 와 하나씩 꺼내다보니 예전 선생님께서 가장 좋아하신다고 알려 주셨던 스리랑카의 누와라엘리야가 들어있다. 시원한 물줄기가 가파른 낭떠러지를 따라 쏟아져 내리는 사진 위에는 Lover's Leap이라고 쓰여 있고, 사전에 러버스 립lover's leap을 검색하면 '실연한 사람이 투신자살하는 낭떠러지' 라고 나온다. 슬픈 사연이 쏟아져 내릴 것만 같은 무시무시한 설명이다.

이 차는 페드로Pedreo의 러버스 립lover's leap다원의 차다. 스리랑카의 가장 높은 산인 피두루탈라갈라pidurutalagala에서 가까운 마하가스토테mahagastotte 계곡의 페드로 다원은 해발고도가 1900미터나 되는 매우 높은 지역이다. 스리랑카의 차는 해발고도에 따라 구분하는 특징이 있는데 이 누와라엘리야는 스리랑카에서 가장 높은 고지대의 대표적인 홍차다.

스리랑카의 마지막 왕조인 캔디왕가의 왕자가 어느 날 낮은 계급의 아가씨와 사랑에 빠지고 말았다. 이 둘을 잡기위해 쫓아오는 병사들을 피해 달아나던 연인은 이 계곡에 다다랐고 결국은 이곳에 몸을 던지게 되었다는 슬픈 전설을 안고 있는 Lover's Leap은 그 이후 사랑의 은신처로 알려지게 되었다. 죽음을 선택할 수밖에 없었던 연인의 애달픈 마음은 차향에서 슬프게 피어오르려는지..

안타까운 젊은이들의 사랑 이야기를 마음에 담고 찻잎을 주섬주섬 꺼낸다. 자잘하게 잘린 찻잎에서는 싱그러운 풀향이 느껴지고 짙은 갈색 사이사이 연한 갈색의 찻잎이 흩어지듯 뿌려져있다. 높은 그곳의 찬 기운을 품고 안개 속에서 숨을 쉬던 찻잎들은 뜨거운 물을 붓자 오렌지 빛 수색을 내어주며 찰 랑인다. 맑고 투명하고 엷은 오렌지빛. 누와라엘리야를 실론 의 샴페인이라 부르는데 그 별칭이 참 잘 어울린다는 생각이 들었다.

우린 차에서 나는 첫 향은 살짝 찌르는 듯한 쇠향이 느껴지 고 점점 시간이 지날수록 단향으로 마무리된다. 전체적인 느 낌은 부드럽게 다가오지만 서서히 혀를 조여 오는 수렴성은 무시할 수 없는 매력을 발산한다. 꽃과 과일의 향으로 생동감 있게 유혹하다가 마지막 순간 날카로운 도도함을 뽐내는, 결 코 순둥하지 않은 냉정한 매력이 오래도록 잊혀 지지 않는 맛 을 선사한다.

차의 매력을 하나씩 알아가다 보면 차는 사람과 닮았다는 생각을 하곤 한다. 한없이 순한 사람, 처음엔 투박한 줄 알았 는데 여리고 섬세한 사람, 부드럽게 다가오지만 냉정하고 도 도한 사람, 반대로 냉정하고 도도한 줄 알았지만 한없이 부드 러운 사람.. 찻잎을 마주하고 향을 맡으며 내게 다가온 차 한 잔이 처음과는 전혀 다른 얼굴을 하고는 예상치 못한 맛을 내 어 줄때는 문득문득 스치는 얼굴들이 있다. 이 차는 누구를 닮 았네... 하면서 말이다. 도도함으로 자신의 매력을 한껏 발산 하는 누와라엘리야는 과연 누구와 닮았을까? 차 한 잔의 여유와 함께 떠오르는 얼굴들에 잠시 시간을 거꾸로 돌려본다.

과거의 시간, 지나간 인연. 머물지 못하고 지나친 인연은 그렇게 흘려보내라고 하신 법정 스님의 말씀이 문득 떠오른다. 진정한 인연과 스쳐가는 인연을 구분할 줄 알아야 하는데 혹여라도 스쳐갈 인연에게 온 마음을 다 하고 상처를 입는다면 그 피해는 진실 없는 사람에게 내 진심을 모두 쏟아 부은 댓가라는 차가운 말씀이 떠오

르는 건 누와라엘리야 한 잔이 주는 교훈이지 싶다. 내 곁에 머무르지 못하고 더 이상 그 인연을 이어가지 못한 스쳐간 사람들.. 떠오르는 그 기억의 조각들을 미련없이 허공에 띄워 보낸다.

분당의 호젓한 주택가. 길을 따라 걷다가 모퉁이를 돌면 작은 언덕을 오르듯 화단 사이 흙길이 보이고, 그 작은 언덕을 한걸음 오르면 호중거로 들어가는 문이 나온다. 비록 한 두 걸음이면 문에 다다르지만 호중거를 찾는 이들에게 흙을 밟을 수 있는 잠시의 기회를 주고자 만든 그 작은 언덕길에 주인의 세심한 배려가 엿보인다. 그런 마음은 안으로 들어서는 순간 환하게 반겨주는 주인의 미소와 한 잔 우려 주는 차의 맛과 향에 고스란히 배어있다.

처음 이곳을 찾았을 땐 중국차에 대한 막연한 호기심에서였다. 중국차는 어떻게 우려 마시는
지, 어떤 맛의 세계일지 감이 오지
않던 때라 무작정 가보자하는 마
음이었다. 사실 조금 걱정스러웠
던 것이, 가서 어떤 차를 주문해야
할지 어떻게 우려 마셔야 하는 건
지 낯설 그 풍경이 머릿속에 그려
져 잠시의 망설임이 있었다. 그런
데 문을 열고 들어서는 순간 그런
걱정은 눈 녹듯 사라지고, 아늑하
고 편안한 분위기에 마음은 이내 고요해졌다.

　차 메뉴도 고를 것이 없다. 궁금한 것을 물으면 차에 대한 설
명과 함께 단정한 모습으로 차를 우려 주신다. 얼마나 많은 질
문을 했던 걸까? 내 앞에는 오래된 보이차도 몇 편, 대만의 오
룡차도 몇 가지, 심지어는 말차를 격불해 주시기까지 하니 나
중에는 미안한 마음에 더 이상 질문을 할 수가 없었다. 진심어
린 그 마음에 감동과 감사의 마음이 일었다. 얼마나 오랜 시간
이 지났을까.. 그저 차 한 잔 마시러 가야지 했던 발걸음이었
는데 예상 밖의 큰 가르침을 받게 되니 고마움의 마음을 넘어
미안한 마음이 되어버렸다. 슬슬 자리를 정리하고 일어서며
"찻값으로 얼마를 지불할까요?"하고 물으니 머뭇거리시며 그

냥 "됐어요." 하신다. 차를 마시던 중 저렴한 개완을 하나 구입했는데 그걸로 찻값을 대신하시겠단다. 그럴 수 없어 저렴한 찻값을 보태고 돌아서 나오는 길, 마음 한 켠이 따뜻하게 물든다. 처음부터 끝까지 마음을 다 한 정성된 찻자리. 따뜻한 주인의 순수한 마음이 깊은 울림을 만들어 주었다.

호중거 주인의 마음은 내게 강하게 선한 인상을 남겨 주었고, 그 인연은 결국 나의 중국차 선생님의 인연으로까지 이어지게 되었다. 선생님을 통해 대만의 좋은 오룡차와 중국의 보이차를 많이 접하며 차의 맛과 향의 깊이를 가늠하는 감각을 늘려가게 되었다. 선생님의 수업은 절대 나서지 않는 겸손함이다. 차를 마시는 감각을 깨워주시려는 의도가 배려의 마음과 함께 비치니 수업을 하는 그 시간 자체가 고요하게 내면으로 나를 받아들이는 시간을 허락한다. 오로지 차와 나 만이 존재하는 듯 내 감각으로 차를 느낄 수 있게 선생님은 섣불리 나서지 않으신다.

사실 이런 교육은 쉽지가 않다. 자신이 아는 걸 가르치고 끌고 가는 편이 훨씬 더 편하고 쉬운 법이다. 기다린다는 것은 시간과 인내가 필요하고 상대에 대한 배려와 가르침에 대한 애정이 있어야 할 수 있는 일이다. 내가 스스로 차를 느낄 수 있게 배려해 주시던 그 마음이, 차를 배우는 입장에서 생각하고 기다려주실 줄 아는 그 깊은 마음이 오래도록 감사하다. 차를 제대로 즐기고 나누는 마음을, 그리고 차의 깊이를 난 호중거 선생님의 마음으로부터 배웠다.

선생님은 어떤 계기로 차의 세계에 빠지게 된 걸까? 어느 날 조심스레 물으니 기억을 더듬듯 잠시 먼 곳을 응시하시다가 "형처럼 따르던 스님이 한 분 계셨어요.." 하고 이야기를 내주신다. 그 스님과의 인연은 초등학교 6학년 때로 거슬러 올라가고, 그 인연은 결국 차로 이어지게 되었다는데..

스님과 함께 했던 여행에서 마신 차와 그때 스님으로부터 받은 다기셋트가 한 소년의 운명을 茶로 이끌어 준 셈이다. 처음 접한 녹차는 맛도 없고 떫었다고 기억 하셨지만 스님이 선물해주신 다기셋트에 차를 우리다보니 그 맛과 시간에 반해 지금까지 차와 깊은 인연을 맺게 되셨단다. 고등학교 때는 그 다기셋트를 학교에 가져가 자율시간에도 차를 우려 드렸다는데 남자 고등학교 교실에서 차를 우려 마시는 남학생 이라니, 상상 속 이미지에 홀로 미소 지어진다.

홍차에 대한 관심과 사랑은 결국 차의 뿌리를 찾아 중국차로 향하게 되었고, 그 깊고 다양한 세계에 빠지다보니 점점 더 해야 할 즐거운 공부가 눈덩이 불 듯 슬금슬금 늘어난다.

이렇게 가까운 곳에 좋은 중국차를 접할 수 있는 곳이 있어 참 좋았는데 이제 선생님은 더 자연과 가까운 곳으로 거처를 옮기신다고 하니 그 소식에 섭섭함이 한동안 가시질 않았다.

자연과 가까운 분, 가시는 곳이 어디든 좋은 기운을 함께 가져가시니 그곳에서 선생님과 차를 나눌 분들이 참으로 부럽다.

이제 분당의 호중거는 문을 닫지만 따뜻한 봄날 새로 맞이할 하동에서의 호중거가 또 마음 한구석을 두근거리게 만든다.

오금섭 선생님

진미다원 臻味茶苑
불수차 佛手茶

현실에서 잠시 도피하고 싶을 때나 마음에 위안이 필요할 때면 헤세의 책에 손이 간다. 그의 글을 읽다보면 현실의 삶으로부터 잠시 거리를 둘 수 있고, 현실 너머의 세계와 내면의 소리에 귀 기울일 수 있으며 이내 복잡한 현실의 무게는 이 세상의 것이 아닌 양 감각이 둔해진다. 영혼에서 울리는 소리와 보이지 않는 것의 소중함은 헤세가 알려 준 지

혜의 세계다. 가끔은 내 삶을 내가 아닌 타자가 지배하듯 느껴
질 때 마음에서 조용히 헤세를 부른다. 헤세의 책 「싯다르타」
를 집어 들고는 어울리는 차를 고르다보니 손에 잡힌 차는 진
미다원의 '불수차佛手茶'다. 부처님 손바닥 이라는 이름의 불수.
이름이 주는 여러 가지 상상력과 떠오르는 이미지에 찻잎을
만나기도 전에 친근함이 먼저 다가온다. 왠지 이 차를 마시면
부처님 마음처럼 마음이 더 넓어질 것도 같고, 좀 더 차분해질
것도 같고... 마시기 전의 짧은 상상은 처음 누군가를 만나기
전 품게 되는 기분 좋은 두근거림과 처음이 주는 낯선 반가움
이다. 청향 보다는 주로 농향을 선호하는 내게 호중거 선생님
께서 추천해 주신 불수차를 우리며 헤세를 읽는 즐거움에 빠
져본다.

찻물을 올리고 찻잎을 덜어낸
다. 부처님 손바닥만큼 큰 찻잎을
상상하니 호기심어린 마음은 미풍
이 되어 살랑인다. 윤기 흐르는 검
녹색의 둥글둥글 말린 잎에서는
고소함과 단향이 가득 실려 있다.
이 녀석들이 뜨거운 물에 우려지
면 얼마나 큼직하게 펴지려는지..
고소함과 단향의 끝은 강한 홍배

29)향이다. 진한 향에 깊고 맑은 등황색의 첫 잔은 달다.

이 향을 선생님께서는 설리향이라 하셨다. 설리향이라는 낯
선 단어에 그 향이 도통 감이 오질 않았는데 야생배의 향이라
는 말에 친근함이 전해진다. 불수의 설리향을 맡으며 싯다르
타의 순례의 길을 따라 걷는다. 인도의 존경받는 높은 계층 바
라문의 아들 싯다르타는 사람들의 존경과 사랑을 받으며 성장
하지만 정작 자기 자신은 그들 안에서 행복하지 않다. 끊임없
는 생각과 꿈은 그의 내면으로 계속해서 흐르고, 자아의 근원
을 찾고자 하는 마음속 갈망은 끊임없이 자신을 힘들게 만든
다. 모든 걸 비우고 평정의 마음 상태가 되는 것, 열반을 느끼

29) 烘焙 건조된 차를 약한 불에서 다시 서서히 건조시키면서 차의 향기를 북돋아 주는 과정. 탄배 혹은 복
    배 라고도 한다.

는 것.. 그가 바라는 이 길은 멀고도 힘겹다.

싯다르타의 길에 동행하다보면 부처인 고타마와의 대화도 엿듣게 되고, 부처의 마음을 가진 뱃사공도 만나게 되며, 세속의 사랑을 알려준 여인 카밀라의 매력에 빠지게도 된다. 내면으로의 집중과 고행을 통해서도 얻을 수 없었던 싯다르타의 자아는 세속의 삶에 빠져 나락의 밑바닥까지 추락하고 경험하고 나서야 뱃사공의 삶과 강의 가르침으로 서서히 깨달음을 얻게 된다. 헤세의 이야기는 내면의 깊은 곳까지 닿아 침잠된 영혼을 흔든다. 헤세가 전해주는 싯다르타의 이야기와 불수차의 맛은 그 어울림이 어찌나 좋은지... 한 번에 5g을 꺼내 우리면 여덟 포까지 마셔도 그 기운이 쇠하지 않는다. 달고 두터운 맛에 내포성도 아주 좋다. 진하고 그윽한 향이 퍼지는 엽저를 옆에 두고 있자니 강을 바라보고 깨우침을 얻는 싯다르타의 생각이 향 사이로 그윽하다.

> 이 강물은 흐르고 또 흐르며, 끊임없이 흐르지만, 언제나 거기에 존재하며, 언제 어느 때고 항상 동일한 것이면서도 매순간마다 새롭다.
>
> – 헤르만 헤세의 「싯다르타」 중

시간이란 존재하지 않는다는 이 비밀은 강으로부터 그가 배운 것이다. 강은 현재만이 존재할 뿐 과거도 미래도 없다는 뱃사공의 말처럼 강을 통해 현재의 삶에 집중해본다. 강을 바라보며 경청하는 법을 배운 뱃사공은 스승도 책도 없이 오로지 강이 내주는 소리에 귀 기울이며 세상의 이치를 깨닫고 성자가 되었다.

귀 기울여 듣는 것이 힘든 요즘 사람들. 오죽하면 말하는 사람과 듣는 사람이 아니라, 말하는 사람과 그 다음 말할 사람만이 존재한다 하겠는가. 차가 좋은 이유는 상대의 말에 귀 기울일 마음의 여유와 생각의 틈이 존재한다는 것이다. 마주 앉은 상대가 이야기를 시작하면 그의 눈을 바라보고 그의 소리에 마음을 열어본다. 차향과 함께 흐르는 이야기는 나와 상대를 이어주는 보이지 않는 끈이다. 귀 기울여 들을 때 상대는 비로소 나를 향해 마음의 문을 연다. 그렇게 인연은 시작되고, 그 마음의 깊이는 찻잎이 숙성되듯 세월 속에 곱게 쌓여 흔들리지 않는 믿음이 되어 머문다.

상대를 깊게 이해하며 들을 수 있는 마음의 귀를 알려주는 한 잔의 차는 내면의 자리를 좀 더 넓히는 시간을 내게 만들어 준다.

… 인연 Ⅳ 오금섭 선생님 - 진미다원 '물수차'

가을이 시작되던 어느 토요일 아침, 무작정
전화기를 들고 번호를 누른다. 전화를 거는 곳은 인헌동의 길
상사. 번호를 꾹꾹 누르면서도 생경한 낯설음에 얼굴이 달아
오른다. 길상사는 언제부턴가 내 마음속에 담긴 정위스님이
거주하고 계시는 곳이다. 정위스님과 마주한 것은 딱 한번 뿐
이니 스님은 날 기억조차 못 하 실지도 모르지만 불가에서는
옷깃만 스쳐도 인연이라 했으니 작은 용기에 한조각의 용기를

더해 전화기를 잡은 손에 힘을 쥐어본다. 수화기 반대편에서 들리는 스님의 목소리.. 따스하고 부드럽다. 음.. 이제야 마음이 놓인다.

스님의 손길이 스치는 것은 그것이 무엇이든 예술작품이 되어 다시 되살아난다. 그것은 작은 꽃 한 송이 일수도, 버려진 나뭇가지 일수도, 버리는 문짝 일수도 있다. 모두 정위스님 앞에만 가면 근사한 작품으로 새 생명을 얻어낸다. "내가 뭘 할 줄 아나요.. 아무것도 몰라요." 라는 겸손의 말씀을 늘 달고 사시지만 그러면서 우려주시는 차 한 잔에서는 또 깊은 맛이 난다. "전 차도 몰라요.." 하시면서 정성스레 차를 우려 주시고, "커피 한 잔 할래요?" 하시면서 내어주시는 커피는 내리는 방

249

법도 독특한 스님만의 작품이다. 그날의 분위기에 따라 고르시는 잔도 어쩜 그렇게 멋스럽게 어우러지는지.. 스님은 말없이 상대의 마음과 감성을 다 읽고 계시는 것 같다.

길상사 지대방 안에는 스님의 손길이 묻어나는 여러 작품들이 곳곳에 자리하고 있고, 그 하나하나를 감상하는 것만으로도 그곳은 하루가 즐거운 공간이다. 말린 천일홍의 사랑스러움도, 작게 수놓은 매트도, 은은하게 단향이 올라오는 모과를 툭 담아놓은 나무그릇도 어딘가 모르게 멋스럽다. 지대방 한가운데 버리려는 나무를 가져다 직접 디자인하고 주문해서 만드셨다는 탁자는 그 곳의 중심 작품이다. 한동안 넋을 잃고 바라보았다. 숨어있는 예술적 감각이 이렇듯 눈에 띄지 않는 곳에서 살며시 빛을 발하고 있었구나.

정위스님이 내 마음을 사로잡은 건 이런 예술적인 안목뿐만이 아니다. 가을이 한창이던 어느 아침 지대방에서의 기억은 내게 인도 짜이의 강한 기억으로 새겨졌다. 홍차 선생님과 다우들과 처음 이곳을 찾았을 때의 기억이다. 스님은 지대방을 찾은 우리 모두를 찬찬히 둘러보시고는 말없이 차를 준비하셨다. 그리곤 각자에게 어울리는 잔에 짜이를 담아 내 주셨는데 짜이를 만들고 잔을 고르고 담아 내주시는 그 행위 하나하나가 내 기억에 사진 찍히듯 또렷이 새겨져 쉽게 잊혀 지지 않았다. 그때의 그 기억은 이렇게 홀로 길상사를 찾는 두 번째 발

걸음으로 이어지게 되었으니, 그 기억의 무엇이 내 마음을 강하게 사로잡은 걸까? 하나로 딱 꼬집어 표현할 수 없는 끌림... 그 끌림은 스님이 내 주시는 전체를 아우르는 예술적인 힘이 아닐는지.. 느낌으로 다가오는 세련된 감각과 말없이 보여주시는 빈틈없는 행동과 손끝에서 느껴지는 맛과 마음에서 우러나오는 깊이.. 그 모든 것이 나를 지대방으로 이끌었다.

"인도에 가면 지역마다 짜이 맛이 다 달라요. 예전엔 흙 잔에 찰랑이게 담아 주었는데, 이젠 플라스틱이나 비닐에 짜이를 담아주니 영 뜨거워서.. 예전 그 느낌이 사라지는 게 아쉽네요." 하시며 작고 동그란 안경 너머의 눈을 꿈뻑이신다. 그 눈은 인도의 저 높은 다원을 향하고 계시는 듯하고, 그 기억 속엔 얼마나 많은 추억의 이미지가 펼쳐지고 있을까 하는 생각을 하니 나도 그 기억의 저 편으로 훌쩍 동승하고 싶어졌다.

"차 꽃이 참 예뻐요. 그 꽃을 따서 소금을 조금 뿌리고 잘 보관했다가 뜨거운 물에 하나씩 띄워 마시면 그 향이 얼마나 좋은지..." 인도에서 머무르실 때 차 꽃을 따서 차로 우려 마신 이야기는 샘이 날 정도로 부러웠다. 그런 이야기를 들려주실 땐 스님의 목소리가 한톤은 더 밝아지고 표정도 더 맑아진다. 그 맛과 향을 알 수 없는 나로선 상상으로만 즐길 수 있을 뿐이다. 이렇게 스님과 반나절 아랫목에 앉아 이런저런 이야기를 나누다보면 어느새 날은 어둑어둑 저물어가고 서둘러 집으로 향할 시간이 되어버린다.

"벌써 가시게요? 더 놀다 가
세요.." 이렇게 정스러운 한 마
디를 던지시는 스님의 표정을
돌아볼 때면 스님의 저 깊은 곳
따뜻한 마음에 젖어든다. 이런
마음 한 자락도 내비치지 않으

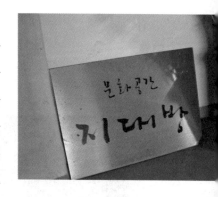

시는 덤덤하고 예리한 표정에서 사람들은 알까? 스님의 따뜻
한 마음을....

인도의 바람과 햇살과 공기가 전해지는 스님의 짜이는 내게
참으로 특별하다.

늘 겸손하신 스님의 자부심 넘치는 한 마디. "우리나라에서
내 짜이 만한 게 없는 것 같네요." 같이 한바탕 기분 좋은 웃음
을 나눈다. 내 생각도 그렇다. 정성껏 손수 말린 생강을 빻고
인도에서 직접 가져오신 향신료를 넣어 곱게 저어 만들어 주
시는 인도 짜이는 여지껏 마셔 본 그 어떤 짜이 보다 깊고 그
윽하게 달다. 겨울이 시작되고 하얀 눈이라도 하늘에서 조용
히 내리는 날이면 나는 정위스님의 짜이 한 잔이 그리워 몸을
들썩인다. 참다못해 옷을 주섬주섬 챙겨 입고는 지대방으로
향하고...

정위스님

인도
짜이

내게 인도 짜이는 겨울이다. 더운 나라 인도
에서는 강한 향신료를 절구에 빻아 홍차를 넣고 우유를 부어
끓인 짜이를 하루에도 대여섯 잔을 마신다는데 나는 이 달달
하면서도 강한 향의 짜이가 도통 더운 여름에는 손이 가질 않
고, 함박눈이라도 펑펑 내리는 추운 날이나 되야 그 향과 맛이
그리워지니 내게 있어 짜이는 겨울을 마시는 차다. 건조하게

메마른 나뭇가지 위로 소리 없이 소복이 흰 눈이 쌓인 아침이면 잠에서 깨자마자 짜이 한 잔의 유혹이 슬금슬금 차오른다. 그런 날은 머뭇거림 없이 정위스님 어깨 너머로 배운 짜이를 한 잔 만들어 본다.

맛난 짜이를 만들려면 무엇보다 햇볕에 직접 말리고 곱게 빻은 생강가루가 필수다. 그리고 짜이나 밀크티의 베이스가 되는 홍차는 일반적으로 아쌈 CTC를 사용하지만 스님은 항상 스리랑카 홍차를 사용하신다. 인도 짜이를 만드는 데는 스리랑카 홍차가 제격이라 하시는데, 그건 실론차를 사용하면 후미가 더 깔끔하고 맑고 텁텁하지 않아서라고 하신다. 스님의 짜이는 직접 말린 생강가루와 실론차, 이 두 가지 팁이 기본이다. 그리고 나머지 향신료는 상황에 따라 두세 가지 정도가 더 추가 되는데 이때 카다몸[30]은 거의 빠트리지 않는 향신료다. 나 역시 좋아하는 카다몸은 생강과 비슷한 향과 맛을 지닌 향신료지만 생강 보다는 그 향과 맛이 약하고 단맛이 도는 게 특징이다. 우유와 설탕을 준비하고, 실론티를 준비하고, 작은 절구에 향신료를 넣고 돌리듯 빻아주면 인도짜이를 만들 준비는 다됐다. 이제 불에 올려 저어주면서 끓이기만 하면 인헌동 길상사 지대방에서의 추억과 함께 짜이여행을 떠날 수

---

30) 생강과에 속하는 향신료.

있겠다.

내가 스님의 인도 짜이를 그대로 따라 해보지만 도저히 이건 못 하겠다 하는 부분이 있는데 그건 예열이다. 보통은 뜨거운 물을 부어 잔을 덥히며 예열을 하지만 스님은 예열의 중요성을 강조 하시면서 잔을 모조리 찜통에 넣고 찌신다. 난 정성이 부족한지, 매번 마음은 먹어보지만 따라하게 되지가 않는다. 짜이 한 잔을 만들 때도 스님은 한 순간 한 순간 모든 정성을 쏟아 넣으신다. 사실 스님의 짜이가 맛있는 건 이런 정성 때문임을 안다. 오로지 맛있는 짜이를 만들어 대접하겠다는 그 마음이 가장 큰 비법이다.

어디 짜이 뿐일까? 가끔 지대방에 들르면 "라떼 한 잔 마실래요?"하고 물으시고는 커피를 내려 중탕을 하고 고운 거품을 만들어 올려주시는데, 이 맛이 또 기가 막히다.

"왜 중탕을 하세요? 어디서 배우셨어요? 이 고운 거품은 어떻게 만드신 거예요?"

질문은 쉬지 않고 터져 나오지만 스님은 그저 미소로 답하신다. 모든 건 스님의 마음대로 이루어진다. 이렇게 하면 괜찮겠구나 하는 마음이 생기면 이렇게 해 보시고, 저것도 괜찮겠다 싶으면 또 저렇게도 해 보시고, 정해진 규칙이 없다. 이런 정해진 틀이 없는 스님의 자연스런 작품들은 맛으로 향으로 색감으로 모양으로 새롭게 탄생한다. 라떼 위에 올린 구름처럼 폭신한 우유거품은 옛날에나 썼을법한 구식 수동 거품기를 이용해 손으로 수십번을 위아래로 찍듯이 저어 만든 고운 거품이다. 이렇게 스님의 손을 거친 한 잔은 뭔가 달라도 다르다. 어울리는 잔을 선택해 내주실 때도 신중한 시간을 거친다. 마실 사람과 내어 줄 차의 어울림, 그리고 함께 낼 다식과의 어울림도 고려하여 정갈한 찻상을 완성하신다.

스님의 모든 것은 정갈하다. 그것이 짜이 한 잔이건 라떼 한 잔이건 말이다. 이런 정갈함은 한 기자의 눈에 들었고, 스님의 일상은 책을 통해 세상에 선보이게 되었다. 「정위스님의 가벼운 밥상」 책을 펼치면 스님의 숨겨진 멋이 조금씩 살아난다. 가볍지만 품격 있는 상차림에는 스님만의 건강 레시피가 가득 펼쳐져있다. 하나부터 열까지 배울 것이 가득한 스님의 일상은 흐트러진 내 일상에 꾸짖음으로 다가오기도, 때론 용기를

보태어 주는 힘이 되어 다가오기도 한다. 언젠가는 지대방을 찾은 나를 스님은 뒤쪽 동산과 텃밭으로 데려 가셨다. 작고 아담한 그곳엔 스님이 손수 가꾼 꽃나무와 푸성귀들이 한가득 있었고, 그들을 하나하나 보여주시며 설명하실 때의 스님 표정은 햇살처럼 맑았다. 버려지듯 척박한 땅을 일구어 생명이 싹트게 만든 스님의 정성에 그 곳에 뿌려진 씨앗과 묘목은 모두 스님의 자식이다. 잠시의 시간도 버리지 않고 생명으로 만들어 내시는 그 손길에 난 담아내기도 벅찬 많은 것을 배우니 스님과의 인연에 그저 감사할 뿐이다. 바쁜 일상에 쫓겨 자주 찾아뵙지 못해 늘 죄송스런 마음이지만 마음 한켠에 따뜻하게 자리하고 있는 지대방의 풍경은 식지 않는 차의 온기 그대로 은은하게 머문다.

　　　　　　엄마와 딸이 차를 마시는 풍경은 상상만으로도 곱다. 어린 딸과 함께 하는 달콤한 찻 자리도, 성인이 다된 딸과 함께 하는 정감어린 찻 자리도..

인야의 조은아 선생님과 그 어머니 이유주 선생님을 뵐 때면 이렇듯 고운 풍경 앞에 부러움이 앞선다. 엄마를 생각하는 딸의 선한 마음과 딸을 생각하는 엄마의 따스한 마음이 곱게 스며 아름다운 조화를 이루고, 서로를 향한 애틋한 마음은 말없이도 다가오니 그 마음을 그저 따스함이라 표현하기엔 아쉬운 깊은 울림이 있다.

어린 딸이 초등학교 시절일 때 프랑스에서 공부하던 이유주 선생님은 방학이면 딸을 프랑스로 불러 얼마간을 함께 보내곤 하셨는데, 그곳에서 차 마시는 사람들의 풍경이 어린 인야 선생님의 눈에 선명했던 모양이다. 커서 차와 관련된 일을 하고 싶다는 마음은 그곳에서부터 싹을 틔웠으니 말이다.

그 싹은 점점 자라 늘 생각의 언저리를 맴돌고, 그러한 생각은 나이가 들어 대학을 준비하고 유학을 결심하며 더욱 구체화 되었단다. '차를 즐기는 다인을 넘어 경영을 제대로 할 수 있는 사람이 되자.' 그런 생각은 대학을 경영학과로 지원하게 되는 계기가 되었고, 차에 대해 본격적인 지식을 쌓기 위해 중국으로 무작정 떠나게 되었으니 이 얼마나 용감한 결심인지...

여리고 청초해 보이는 외모, 그 안에 이렇게 단단한 심지가 있다는 걸 인야 선생님의 외모를 보면 아마 그 누구도 쉽게 상상 하지 못할 것이다.

단단하고 강한 내면은 조금도 내색을 않으시고 늘 부드럽고 환한 미소로만 맞아주시니 도대체 젊은 나이에 어떻게 이런 내공이 쌓인 걸까?

신촌에서 오랫동안 사랑받아 온 인야는 얼마 전 홍대근처로 자리를 옮기고, 좀 더 세련되어지고 환해졌다. 안으로 들어서면 맑은 차향이 흐르고, 직원들의 미소가 먼저 반기니 들어서는 순간 현실에 엉겨 지치고 복잡했던 마음은 이내 여유를 찾고 편안해진다. 빨강과 연두의 색 대비로 강렬함과 따뜻함이 동시에 느껴지고, 중국차가 생소한 이들도 쉽게 다가갈 수 있도록 그 마음의 배려가 곳곳에서 묻어난다. 교육에도 남다른 열정을 갖고 계신 인야 선생님의 교육장도 한쪽에 따로 마련되어 있으며, 부담없이 중국차를 구입할 수 있게 소분하여 판매하는 차 코너는 늘 반갑다.

또 한쪽에는 어머니, 이유주 선생님께서 직접 구우신 스콘과 잼, 그리고 특별한 비법의 생강고가 산뜻하게 자리하고 있는데, 이 코너는 보기만 해도 건강해지는 풍경이다. 이유주 선생님은 건강을 담은 자신만의 독특한 요리 레시피를 많이 갖

고 계신다. 일 년에 두 번, 인야 선생님은 중국 국가 공인 다예사로서 중국에 의무적으로 들어가 새로운 차의 제다법과 이론 등을 배워 오시는데 이렇게 중국에 나가실 때마다 어머니를 모시고 가 그곳의 유명한 선생님들로부터 요리를 배워 오시니 이유주 선생님의 요리비법은 탐이 날 정도로 궁금하다. 선생님이 직접 만든 요리 사진들을 볼 때면 먹기가 아까울 정도로 빛깔도 곱고 단정하다.

시간과 정성이 많이 드는 생강고를 선생님께 선물로 받고는 조금씩 아껴 먹는다고 먹었는데도 금세 비워버리고 말았다. 선생님의 건강요리는 입소문을 타고 배우려는 분들이 점점 늘어나고 있다는 소식에 한 편으로는 반가움이, 또 한 편으로는 걱정이 앞섰는데 그건 몸을 돌보지 않고 무리하게 일을 하다 병이라도 나는건 아닐까 하는 우려의 마음 때문이다. 그만큼 일을 하실 땐 추진력과 열정이 강한 불꽃처럼 피어오르니 그 기운이 가득 담긴 선생님의 요리를 많은 분들이 배워 건강한 식단이 널리 퍼지기를 바라는 마음과 선생님의 건강을 걱정하는 마음은 늘 교차되고 만다.

인야 선생님은 경영에 관심이 많았던 만큼 중국차에 대한 열정으로 자신의 사업을 계속 확장해 나가고, 교육에도 신경을 많이 써 수업에도 많은 시간을 투자 하고 계신다. 얼마 전 국립 현대 미술관에서 양지앙 그룹과 함께 하는 일반인들을 대상으로 하는 '미술관에서 차 마시기' 프로젝트 진행을 인야의 선생님들이 맡아서 하셨는데 따뜻한 차를 시음하며 듣는 차 이야기는 듣고 또 들어도 행복한 시간의 선물이었다. 이렇듯 茶를 통한 대중과의 소통에 앞장서는 선생님의 생각은 점점 넓게 퍼져 중국차는 나이든 사람이나 마시는 고리타분한 음료라는 인식은 서서히 사라지지 않을는지..

인야의 조은아 선생님과 그 어머니 이유주 선생님의 하루는 24시간이 참 값지게 흘러가는 것 같아 뵐 때마다 슬쩍 반성이 되는 내 자신을 마주하게 된다. 두 분의 하루는 활기찬 24시간이라면 내게 하루는 과연 몇 시간으로 흐르는지... 더디 가는 내 시간에 활력을 얻으려 난 또 두 선생님을 보고 배운다. 인야 선생님의 차에 대한 지치지 않는 열정과 늘 그 버팀목이 되어 주시는 어머니 이유주 선생님의 고운 열정은 부딪히지 않는 조화로움으로 차분히 스며, 인야의 차 향기는 리듬을 타고 더 높이 피어오른다.

인야 Yinya
대홍포 大红袍

여름에서 가을로 넘어가는 계절.. 더 이상 여름을 느끼지 못할 만큼 하늘이 높고 서늘한 바람이 마음 깊이 와 닿을 때면 어김없이 나만의 가을을 알리는 차 대홍포 생각이 올라온다. 어떤 이유인지 모르겠다. 가을의 첫 차로 왜 내 마음에 대홍포가 찾아오는지... 그 그윽하고 진한 향이 낙

265

엽을 닮았을까? 대홍포 한 잔의 유혹은 홍대 근처 인야로 또다시 발걸음을 향하게 만들었다. 찻장 속에서 바닥을 보이는 차도 보충하고, 이쁜 인야 선생님 얼굴도 볼 겸 나의 가을 준비는 그렇게 시작이 된다.

버스를 타고, 지하철을 타며 마주치는 사람들의 옷차림에서 이른 가을이 느껴지고, 덥다고 투덜거린 기억은 저만치 달아나버린 곳에 싱싱한 가을의 바람이 불어온다. 지하철역에서 내려 인야 까지 걷는 골목길은 기껏해야 몇 걸음 되지 않지만 소란스럽지 않은 조용한 그 길은 주택에서 살 던 내 어릴 적 기억이 살아나서인지, 그 길을 걸을 때면 조금 더 천천히 느리게 걷게 된다. 걷다보니 창을 활짝 열어젖힌 2층의 인야에서 그윽한 차향이 흘러나오고 따스한 온기가 아래까지 전해 내려오니 이미 마음은 따뜻하게 덥혀지고 있다. 오늘은 인야 선생님이 우려주시는 맛난 차를 한 잔 얻어 마실 수 있겠구나. 오랜만에 선생님과 밀린 이야기도 나누며 차도 한 잔 나눌 생각에 발걸음이 가볍다. 고운 미소와 겸손한 목소리로 맞아주시는 선생님과 함께 하는 찻 자리는 젊음이 주는 신선함과 상쾌한 열정이 함께해서인지 좋은 에너지도 덤으로 얻게 된다.

커다란 붉은 용포라는 뜻의 이름을 가진 대홍포는 무이암차의 왕 이라는 별칭을 갖고 있다. 무이산은 복건성의 서북부에 위치하고, 자연의 생태가 잘 보존되어 있는 지역이다. 암석으로 이루어진 이곳에서 생산되는 차를 무이암차武夷岩茶라 부르는데 그 가운데서도 가장 품격이 높은 네 가지, 대홍포, 수금귀, 백계관, 철라한을 4대 명총 이라고 한다.

　대홍포에 관한 전설은 몇 가지가 전해 내려오는데 각 전설의 공통점을 보면 배가 아프며 붓고, 식욕이 없는 황후 혹은 노인이 등장하고, 이 차를 마시니 속이 편해지고 부은 배가 가라앉으며 차차 식욕이 올라오고 병이 완치되더라.. 하는 이야기다. 이 차의 효능이 신기하고 또 고마운 마음에 황제는 붉은 용포를 하사하여 겨울이 오면 그 용포로 차나무를 감싸서 보호하게 만들고, 차나무를 가꾸는 두 노인에게는 호수장군이라는 칭호를 부여하여 대대손손 그 직을 세습하면서 해마다 황실에 차를 올리도록 하였단다. 차나무에 붉은 용포를 하사해서 그 차나무를 대홍포 라고 부르게 되었다는 재미난 이야기는 이 차를 마실 때 마다 붉은 용포의 펄럭임이 내 머릿속 이미지로 남아있다. 이런 전설 때문인지 대홍포는 밤늦은 시간에도 손이 자주 가는 차이고, 속이 더부룩하고 소화가 안 될 때면 제일 먼저 떠오르는 차이기도 하다. 확실히 대홍포를 마시면 속이 편해지는 것이 찻장 안의 든든한 비상약 역할을 하고 있다.

깔끔한 디자인의 하늘색 차 박스를 개봉한다. 네모 상자 안에는 대홍포를 소개하는 짤막한 글과 맛있게 우리는 방법을 적은 카드가 한 장 들어있고, 암갈색 윤기 나는 찻잎이 주머니 가득 담겨있다. 한 줌 덜어내니 기분 좋은 탄배향이 그윽하게 올라온다. 이효석 작가의 「낙엽을 태우며」를 보면 그는 낙엽을 태우는 냄새가 갓 볶아낸 커피의 냄새가 나기도, 잘 익은 개암 냄새가 난다고도 하였는데 내가 느끼는 대홍포의 향은 그와는 조금 다르게 다가오지만 역시 낙엽을 태우는 향을 닮아있다. 그런데 갓 볶아낸 커피의 향은 알겠는데 개암 냄새가 뭔지 궁금해 찾아보니 개암나무 열매가 바로 헤이즐넛이었다. 이효석 작가는 낙엽 태우는 냄새를 맡으며 헤이즐넛 커피 한 잔을 몹시 그리워했는지도 모르겠다.

작은 호壺를 꺼내 수런거리며 앉아있는 이 아이들을 집어넣고 뜨거운 물을 붓는다. 순간 올라오는 탄배향에 늦가을 이미지가 떠오르고, 묵직한 향 사이로 낙엽을 긁어모으는 느린 손길이 스친다. 가을의 시작을 알리더니 벌써 이른 겨울을 채비해야 하는 걸까? 차 한 잔에 한 계절을 뛰어 넘었구나.

더 없이 길게 머물렀으면 하는 계절. 가을.. 내가 가장 사랑하는 계절이다. 가을은 천천히 다가와 오래 머물고 그리고 천천히 물러났으면...

가을을 알리며 다가와 온 마음을 물들여준 대홍포 한 잔에 내 가을은 깊어만 간다.

"지금 이 순간 나와 함께 하는 사람이 행복할 수 있는 시간을 만들어 주는 것이 내 삶의 목표예요." 그 순간순간의 최선...

십여년 전 홍차 불모지인 우리나라에 홍차에 대한 사랑의 불씨를 툭 던져 주신 박정동 선생님.

외국계 회사에 다니던 중 인도 출장길에 우연히 맛 본 짜이

270

한 잔이 선생님의 인생을 180도 바꿔 놓았다. 그리고 시작된 홍차 인생. 경제적인 여유는 전과 같지 못할지라도 행복지수는 계속 올라가고 있다 하시는걸 보면 이 모든 게 마법 같은 홍차의 힘이라 여겨진다. 초록의 싱그러움으로 끝없이 펼쳐진 스리랑카 다원에서 인생의 전환점을 고민하고 또 고민해서 결정한 삶의 방향. 그 결정이 결코 후회 없는 선택이었다는 확신이 드는 건 선생님이 홍차를 우리실 때의 표정을 보면 알 수 있다. 홍차와 함께 하는 선생님의 표정은 항상 미소가 가득하다. 수업을 하시며 세 시간 꼬박 서서 홍차를 우려 주실 때

도 지치지 않는 미소는 가실 줄을 모른다. 홍차를 만나지 못했더라도 선생님의 표정엔 항상 미소가 한가득 이었을까? 나이가 들어갈수록 얼굴에 드러나는 표정은 살아 온 흔적인데 선생님의 표정을 보면 행복을 실천하는 사람의 다정한 모습이 듬뿍 배어있다. 넌지시 나이듦에 대한 방향을 제시해 주시는 선생님과 함께 하는 찻자리는 늘 유쾌하다.

그런 선생님이 사석에서 던진 삶의 철학이 담겨있는 한마디. '지금 내 앞에 마주앉은 이에게 행복을 전해 주는 것이 인생의 긴 여정에서 가장 가치 있는 일이지요.' 그 따스한 마음, 그 길 한가운데 茶가 있다. 차를 정성스레 우리고 향을 느끼고 함께 차를 나누는 그 자리엔 진심 담긴 마음과 미소가 함께 머문다. 선생님은 많은 이들에게 이렇듯 마음이 담긴 차를 우려 주시며 행복을 실천하고 계신다. 내 앞에 있는 사람에게 차를 우려주고 그 차를 마시는 사람의 얼굴에 번지는 미소를 보면 또 내 얼굴에도 미소가 번지고..

근심으로 그늘졌던 얼굴이 차를 배우고 알아가며 한 송이 꽃처럼 활짝 피어나는 모습을 볼 때 차 수업을 하며 가장 큰 보람을 느낀다고 말씀하시는 선생님 수업의 특징은 따뜻함이다. 선생님만큼 맛있게 차를 우리는 사람도 드물다. 왜 그럴까? 선생님은 2-4-3법칙이라는 홍차 우리기의 표준법을 고안해 내셨다. 차2g, 물400ml, 시간3분. 이것이 2-4-3법칙이다. 유럽에서는 보통 홍차를 3-3-3으로 우리지만, 맛을 더 섬세하게 잡아내는 우리의 물로 그렇게 우리게 되면 본연의 맛보다 더 진해서 떫게 느껴지게 되는 수가 있다. 선생님은 좀 더 맛있는 홍차를 우리려면 어떻게 해야할까를 고심하고 수없이 우려보고 마셔보고를 반복하다 결국 2-4-3이라는 우리나라만의 표준 모델을 만드셨다. 이 방식이 우리나라 물로 홍차를 우리기에 가장 이상적 이라는 생각에 조금의 의심도 없다.

2014년 코엑스에서 월드 티 포럼이 개최되었다. 차 박람회와 더불어 영국, 인도, 호주, 터키, 독일, 한국의 대표 티 마스터들의 블랜딩 특강과 차 품평회가 열렸는데 이 티 포럼의 한국 대표로 선생님께서 나가게 되셨단다. 그 시간은 그간 쌓아온 실력과 감각을 인정받는 계기였을 것이다. 각 나라를 대표하는 티 마스터들과의 교류를 통해 선생님은 또 어떤 값진 경험을 품게 되셨을지.. 홍차를 통해 아름다운 만남을 갖게 되길 늘 꿈꾸시는 선생님의 바램 처럼 맑은 미소와 따스한 온기의 차로 힘들고 지친 사람들의 얼굴에 활짝 피어나는 꽃을 계속 만들어내실 수 있기를 바래본다.

잘 보아야 제대로 보이고, 잘 들어야 제대로 들린다. 바쁜 일상 속에 상대의 말을 귀담아 듣지 않고 상대를 제대로 보지 않으면 그 상대가 무슨 생각을 하는지, 무슨 말을 하려는지 알 수가 없다. 나는 상대에게 집중하며 잘 들으려 잘 보려 마음을 열어 놓고 있는지.. 그건 상대의 마음에 공감할 준비를 먼저 하는 것이다. 따뜻한 차 한 잔을 앞에 두고 상대를 향해 마음을 열고 이야기를 들어줄 준비가 되어 있는 선생님과 함께 하는 찻 자리는 늘 편안하고 행복하다. 선생님은 앞에 앉은 상대에게 행복의 차를 우려 줄 준비가 늘 되어 있으니 말이다.

박정동 선생님

딜마 Dilma
잉글리시 애프터눈 English Afternoon

홍차에 빠지고, 서점과 도서관을 뒤지며 홍차에 관한 책을 보이는 대로 흡수해버리던 어느 날, 글로만 익히는 홍차의 세계 그 한계에 부딪히고 말았다. 글로 채워지지 않는 갈증은 홍차 수업을 찾아 여기저기 기웃거리게 만들었고, 글만으로는 절대 알 수 없는 차의 맛과 향, 그 섬세한 감각의 세계에 대한 갈증은 홍차수업을 시작하면서 서서히 풀리기

시작했다.

수업 첫날, 당연히 여자 선생님일거라는 나의 착각은 어디에서 기인한 것인지, 문을 들어서는 순간 멈칫 놀랐다. 처음엔 남자 선생님 이여서 놀랐고, 그 다음은 홍차를 너무도 맛있게 우려주시는 데 놀랐다. 목소리, 손짓, 미소... 선생님은 모든 것이 홍차와 닮았다. 수업은 일주일에 한 번씩 진행이 되었는데 장황한 이론보다도, 세밀한 실습보다도, 차를 즐기는 여유와 정성된 마음을 담아내는데 선생님은 더 신경을 쓰셨고, 살아가는 인생 이야기와 인연에 대한 소중함을 함께 나누는 것이 선생님 수업의 특징이었다.

그리고 가장 중요한 시음하기. 첫날부터 한동안은 딜마의 잉글리시 애프터눈 만을 계속해서 우려 주셨는데, 왜 이 차만 우려주시는 것인지 처음엔 다소 불만을 갖게 되었다. 수많은 차로 둘러싸인 공간에서 왜 유독 이 차 만 우려 주시는 것인지...

"이 맛이 홍차의 가장 기본이 되는 맛 이예요. 이 맛과 향을 잊지 말고 반복해서 마시다가 새로운 차를 우려 마셔보고, 비교를 해 보세요. 가향차를 비롯해 다른 차를 마시다가도 다시 이 차를 우려 맛을 보세요."

음.. 이런 깊은 뜻이 있었구나. 처음부터 다양한 차를 이것저것 마셔보기 전에 홍차의 기본이 되는 차를 충분히 마셔보고 기억해 두는 것. 이것은 선생님의 첫 가르침이었다. 시간이

275

지나면 지날수록 선생님이 홍차를 시작하는 입문자들에게 권한 이 방법은 참 좋았다는 생각이다.

여러 가지 홍차를 시음해보시고 결정한 홍차의 기준이 되는 맛과 향. 그것이 바로 딜마의 애프터 눈이다. 그 기준을 정하느라 얼마나 많은 차를 염두에 두셨을까? 선생님은 하루의 시작도 이 차로, 그리고 마무리도 이 차로 하신다 하셨다. 점심 약속에 커피타임을 하기라도 한 날은 집에 들어오는 대로 바로 이 차를 찾아 우려 드신다니 딜마의 애프터눈은 선생님의 에브리데이 티다. 선생님이 홍차에 빠지게 된 건 인도에서의 짜이 덕분이지만, 삶의 방향을 틀기로 결정한 곳은 스리랑카의 다원 한 가운데 라고 하시니 스리랑카의 차는 선생님께 무척이나 각별하겠다.

신선하고 좋은 찻잎을 정성껏 제다하여 질 좋은 차를 만들어 내는 딜마의 제품들은 믿고 마실 수 있어 선호하는 편이다. 처음 홍차를 배우던 그 때를 기억하며 차를 우린다. 틴이 리뉴얼 되서 이제 이 클래식한 틴은 더 이상 나오지 않지만 이 차통을 보면 그리운 그때의 기억들이 조금씩 살아난다.

상미기한을 보니 이미 많이 지나버렸다. 그동안 마시지 않고 잘 보관 한다고 했다지만 찻잎들이 잘 버텨주고 있을지 궁금했다. 홍차는 상미기한이 지나도 마시는데 별 무리가 없다.

277

그늘진 곳에 잘 밀봉해 둔다면, 찻잎의 상태와 향이 바래지 않았다면 마시는 데 지장이 없다. 가향차 같은 경우는 상미기한을 지켜주는게 좋지만 말이다. 틴을 열어 향을 맡으니 본연의 향을 잘 유지하고 있다. 제다과정 하나하나 정성껏 기본을 지켰음에 신뢰가 갔다. 찻잎을 살펴보니 실론차의 특징인 BOP로 되어있고, 자잘하게 잘린 잎들은 진한 암갈색 수색을 만들어준다. 눈으로 보기까지는 예전의 느낌 그대로다. 한 모금 넘기니 떫거나 쌉싸래한 맛은 전혀 느껴지지 않고 오후의 느긋한 여유로움을 즐기듯 부드럽게 감싸준다.

이 차의 특징인 균형 잡히고 점잖은 맛은 시간이 지나도 그대로 유지되고 있었다. 단정한 신사 이미지 그대로 말이다. 홍차의 기본으로 이만 한 차도 없는 것 같다. 상미기한은 지났어

도 내겐 추억이 깃든 차이니만큼 잘 보관하면서 아쉬움도 달
래고 그리움은 쌓아 나가야겠다.

선생님이 강조하신 홍차 기본의 맛. 기본을 지킨다는 것의
단순성과 지극한 어려움은 늘 맞닥뜨리는 문제처럼 항상 함께
다가온다. 그건 쉬우면서도 쉽지 않은 일, 자칫 소홀해지기도
하는 일이다. 하지만 뭐든 기본에서 멀어지면 본연의 의미가
퇴색되거나 변질되어버리기도 하니 늘 초심의 마음을 되새기
듯 기본의 가르침을 맘속에 새겨본다. 딜마의 애프터눈티를
마시며 그 마음을 또다시 되새겨보고..

Olle Hjortzberg,(1872-1959)

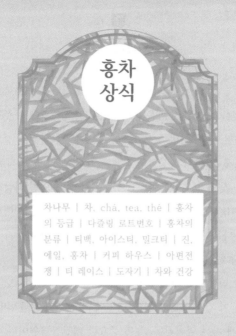

모르고 마시는 차 한 잔도 좋지만 알고 마시는 한 잔의 차는 더 맛있게 다가온다. 전혀 모르는 작가의 작품을 보러 전시회에 갈 때 보다는 작가의 삶이나 사연을 알고 들여다본다면 그 작품들이 더 깊이 마음에 와 닿는 것처럼 차에 담긴 사연이나 정보를 알고 마시는 한 잔의 차는 또 다른 깊이로 다가온다.

1

차나무

초록의 다원, 작은 키의 차나무가 쪼르르 줄지어 서 있는 것을 보면 왠지 마음이 평온해지고, 싱그럽고 풋풋한 향기가 전해지는 것 같다. 이렇듯 소담스러워 보이는 차나무는 겉으로 보기와는 다르게 그 뿌리가 상당히 깊은데, 이 뿌리는 땅 아래로 길게 뻗는 성질을 갖고 있으며, 다른 곳으로 옮겨 심게 되면 되살리기가 쉽지 않다. 이런 성질 때문일까? 한 남자만을 섬기겠다는 여자의 곧은 절개를 차나무에 빗대어 중국에서는 결혼을 할 때 신부가 혼수품으로 차를 챙겨갔다.

그 옛날 티벳으로 시집을 간 중국의 문성공주(623~680)도 혼수품으로 차를 챙겨 갔는데 그 덕분에 티벳에 차 문화가 보급되었다. 티벳 사람들에게 차는 없어서는 안 될 중요한 영양공급원이다. 고산지역에 사는 그들에게 차와 야크 버터를 넣어 만든 버터차는 야채와 과일을 공급받을 수 없는 그들에게 부족한 비타민C를 보충할 수 있는 유일한 음식 역할을 했다. 이 버터차를 하루에 수 십잔 마시는 그들은 티벳에 혼수품으로 차를 챙겨와 차 문화를 티벳에 알린 문성공주에게 참으로 고마워해야 할 일이다. 그 옛날 차마고도茶馬古道31)를 통해 말 등허리에 벽돌차32)를 싣고 티벳을 향하던 마방들의 노고에 차 한

---

31) 중국의 차와 티벳의 말을 교역하던 험준한 산길로 인류 역사상 가장 오래된 교역로이며, 이는 실크로드보다 200년을 앞선다.
32) 벽돌모양으로 딱딱하게 굳혀 만든 차.

잔의 값진 의미가 되새겨진다.

차나무는 스웨덴의 식물학자 린네(Carl von Linne)에 의해 최초로 카멜리아 시넨시스(Camellia sinensis)라는 학명이 붙여졌다. 중국의 윈난은 카멜리아 시넨시스 종의 원산지이며 윈난에는 2000살이 넘는 야생 차나무를 비롯해 수많은 야생 차나무가 존재하고 있다. 차나무를 크게 교목과 관목으로 나눠보면 8미터가 넘게 자라는 교목은 주로 인도, 스리랑카 중국의 운남성 일대에서, 2미터 안쪽으로 자라는 관목은 우리나라, 일본, 중국의 동남부 등지에서 주로 녹차용으로 재배되고 있다. 차나무는 사시사철 푸른 상록수로서 중국종과 아쌈종, 그리고 수백 종의 교배종으로 나뉜다. 잎이 작은 소엽종은 주로 녹차를 만드는 데 사용되며, 잎이 큰 대엽종에 비해 추위에 잘 견디는 특징을 갖고 있다. 각 차나무의 장점을 살려 차 연구소들은 새로운 재배종을 심기도하고 자연적으로 교배된 교배종을 연구하기도 하면서 좋은 품질의 찻잎을 수확하기 위해 많은 노력을 기울이고 있다.

2

차, chá, tea, thé

 집에 손님이 오면 일반적으로 차를 권한다. "차 한 잔 하시겠어요? 커피 아니면 홍차? 어떤 걸로 드릴까요?" 이 물음이 이상하다 여겨지지 않는 것은 차를 일반적으로 마시는 음료의 대명사쯤으로 여기는 까닭이다. 차는 대명사가 아닌 고유명사다. 차나무에서 나는 찻잎을 떼서 여러 가지 과정을 거쳐 만든 녹차, 백차, 황차, 청차, 홍차, 흑차 만을 차라고 부른다. 그리고 '차, chá, tea, thé' 등의 어원은 모두 중국어다.

이렇게 차가 몇 가지 이름으로 퍼지게 된 것은 그 당시 무역로에 의해 정해졌는데, 실크로드를 통해 대륙으로 차를 들여간 이들은 북경어인 차cha를, 17세기초 해상 무역로를 통해 차를 들여간 네덜란드인들은 복건성의 방언인 테tè를 사용했으며 이는 18세기 티tea로 통일되어 불리게 되었다. 그런데 유럽이지만 유독 포르투갈에서 만은 chá라고 표기하고 있는데 그 이유는 포르투갈은 유럽에서 제일 먼저 차를 들여갔으며, 복건성이 아닌 광동지역으로부터 차를 들여갔기 때문에 광동어인 차chá 표기를 사용하는 것이다. 포르투갈 사람들은 이 차를 주로 자국 내에서만 소비했지 다른 나라로 수출하지 않았기에 차라는 단어는 유럽 다른 나라로 퍼지지 않았다. 만약 포르투갈이 그 당시 유럽 전역으로 차 문화를 퍼뜨렸다면 아마 전 세계 사람들은 차cha라는 단어로 통일되어 부르게 됐을지도 모를 일이다.

어찌되었든, 차는 고유명사로서 차나무의 찻잎을 우려서 만든 음료에만 붙이는 이름이고, 커피는 그냥 커피, 그 나머지는 차의 대용으로 마신다하여 대용차라고 분류해서 불러야한다. 허브차, 레몬차, 루이보스차... 이렇게 뒤에 '차'자를 붙이는 것이 못내 아쉽지만 그렇다고 유자탕, 레몬탕..이렇게 불리는 것도 어색하니 어쩔 수 없는 일이겠다. 영어로는 tea가 아닌 것은 tisane, infusion이라는 단어를 사용해서 부른다.

❸

홍차의 등급

뭔가 등급을 나눈다는 것은 차등을 두는 것 같아 등급이라는 말 자체가 주는 거리감이 있다. 등급이 높고 낮은 것에 따라 차의 맛과 향에 큰 차이가 있고, 가격에서 현저한 차이를 보이는 것은 아니지만 등급을 어떻게 나누고 표기하는지, 그리고 표기된 등급을 보고 틴 안에 든 찻잎을 미리 예상할 수 있다면 차를 고르는데 많은 도움이 되며 대략적인 차의 정보도 알 수 있다.

우선 홍차의 등급을 알기 전에 찻잎 각 부분의 명칭을 알 필요가 있다.

다음 페이지의 찻잎을 보면 각 부분에 이름이 적혀있는데, 맨 위의 뾰족한 것은 잎이 아니라 싹이다. 보통 줄여서 FOP라고 부르는 이 싹은 은빛 솜털로 덮여있고, 귀한 백차(은침)를 만들 때 사용한다. 보통 실버팁 이나 골든팁이라 불리는 싹으로 만들어진 차를 고급으로 치는데 그 이유는 싹은 대부분 기계로 채엽 하지 않고, 사람이 손으로 하나하나 직접 따기 때문이다. 시간과 정성에 비해 수확량이 적기 때문에 가격도 다른 차에 비해 높을 수밖에 없다. 보통 정통적인 방법으로 차를 만들 때, 1아2엽(一芽二葉)의 방법을 사용하는데 이렇게 채엽하여 차를 만들었을 때 가장 이상적인 맛과 향을 낸다. 1아2엽이란 싹 하나에 잎 두 개를 말하는데, 그림에서 보면 FOP와 OP, P까지 채엽 하는 것을 말한다.

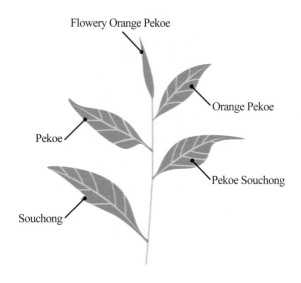

Flowery Orange Pekoe
Orange Pekoe
Pekoe
Pekoe Souchong
Souchong

[표 1] 고급등급을 나타내는 약자

GFOP	Golden Flowery Orange Pekoe
FTGFOP	Finest Tippy Golden Flowery Orange Pekoe
SFTGFOP	Special Finest Tippy Golden Flowery Orange Pekoe
SFTGFOP 1	Special Finest Tippy Golden Flowery Orange Pekoe1

[표 1]은 고급등급을 나타내는 약자다. 다즐링이나 아쌈의 단일 다원차를 살펴보면 이렇게 긴 등급표시로 된 것을 종종 만날 수 있는데, 이렇듯 긴 등급표기를 만날 때 홍차를 처음 접하는 이들에겐 낯선 거리감이 올라온다. 하지만 알고 보면 별것도 아닌 것이, FOP를 기본으로 앞에 붙은 글자나 뒤에 붙은 숫자는 고급스러움을 나타내주는 수식에 지나지 않는다. Golden은 황금빛을 띠는 것을 말하고,

Tippy는 새순을 의미하고, 나머지 special, finest, 1 등은 특별하고, 고급스러우며, 최고라는 의미를 나타낸다. 이러한 단어를 넣는 것은 어떠한 기준에 의한 것이 아니고, 각 다원에서 자신들의 기준에 맞춰 사용하는 것이기 때문에 큰 의미는 없다.

또한 찻잎은 가공 상태에 따라 [표 2]와 같이 나누어 지는데, Whole leaf은 찻잎을 자르지 않은 것이고, B는 자른 형태의 찻잎을 이르는 말이다. Fannings은 B의 형태보다 더 가는 형태이며, Dust는 먼지처럼 날리는 형태로 주로 품질이 낮은 티백에 사용된다.

[표 2]

가공상태에 따른 구분

Whole leaf
B(Broken)
Fannings
Dust
CTC(Crush, Tear, Curl)

으깨고, 찢고, 돌돌만다는 의미가 들어 있는 CTC는 위조와 유념이 된 찻잎을 CTC기계에 넣으면 동글동글 말린 찻잎이 되어 나오는데 이것을 CTC라고 한다. CTC홍차의 특징은 대량생산이 가능하고, 이동시 찻잎이 파손되지 않으며 짧은 시간에 진하게 우릴 수 있는 장점을 갖고 있다. 밀크티나 인도짜이를 만들 때 이 CTC가 주로 사용되는데 찻잎의 양이 많이 필요한 밀크티를 만들 때 이러한 CTC홍차가 얼마나 유용한지 실감할 수 있다. 그러나 고급스러운 맛을 내거나 다양한 맛을 기대할 수 없다는 점은 CTC의 한계다.

4

다즐링 로트 번호

　　　　　　　　다원 다즐링을 구입해 마시다보면 라벨에 등급이
장황하게 표기되어 있는 것 외에도 알 수 없는 표기가 또 있다. 바로
로트 번호(lot number)라는 것인데, DJ로 시작한다. DJ는 다즐링의 약자
이고, DJ다음에 번호가 붙는다. 예를 들면 DJ-01이라고 적힌 것이
있는가 하면 DJ-417처럼 백 단위가 넘는 숫자가 붙기도 한다.

　우선 로트번호 라는 것은 무엇이며 왜 필요한지부터 살펴보면, 로
트번호란 다즐링의 제조일자 및 단위별 생산 순서를 말한다. 이런 로
트번호가 필요한 이유는 생산된 차를 식별하고 추적하기 위함이다.
생산된 차를 일정단위로 묶어서 번호를 매기는데 다원의 규모에 따
라 숫자의 단위는 크게 차이가 난다. 그러므로 다원의 규모가 어느
정도인지 알지 못한 상태에서 숫자만 보고 낮은 번호여서 시기가 빠
르다고도, 높은 번호라고해서 무조건 늦은 시기에 만든 차라고 단정
할 수도 없다. 또한 숫자가 낮을수록 좋은 품질의 차라는 인식이 있
지만 숫자가 커진다고 해서 품질이 많이 떨어진다고 할 수도 없다.
숫자는 다원의 규모를 보고 가늠해 봐야하기 때문이다.

　로트번호 말고도 생소한 약자들을 종종 볼 수 있는데, 예를 들면
등급 다음에 LC, EXSP, SPL, EX등의 약자가 붙는 경우다. 이는
Less Common, Extra Special, Special, Exclusive등을 의미하고,
고급등급 표시만으로는 부족한, 구하기 힘들거나 아주 소량만 수확

되었다든지 특별한 찻잎일 경우에 이런 약자를 등급 뒤에 붙여서 명품취급을 한다.

5

홍차의 분류

*스트레이트티, 블렌드티, 바리에이션티등 차를 분류하는 용어들을 만나면 갑자기 머리가 아파온다고 말하는 이들이 있다. 간단하게 구분하는 방법이 없을까? 차를 분류할 때는 우려내는 방식에 의해 분류하는 방법이 있고, 찻잎의 배합에 따라 분류하는 방법이 있다.

우선 우려내는 방식은 두 가지로 나뉘는데, 스트레이트티(straight tea)와 베리에이션티(variation tea)다. 순수하게 차만 우려마신다면 그건 스트레이트 티고, 차에 무언가를 첨가해서 예를 들면 우유 혹은 위스키 등을 첨가해서 마신다면 베리에이션 티가 된다.

찻잎의 배합에 따라 차를 분류해보면 세 가지로 나누어 분류할 수 있다. 스트레이트티(straight tea), 블렌드티(blended tea), 플레이버리 티(flavory tea)가 그것이다. 우려내는 방식에서도 스트레이트티라는 단어를 사용하기 때문에 혼동이 되기 쉽다. 이를 구별하기위해 두 번째의 스트레이트티를 클래식티(classic tea)라고도 한다.

세 가지 분류법에서의 스트레이트티(혹은 클래식티)는 한 원산지에서 나

290

온 찻잎으로만 구성된 차이다. 보통 이 산지 명을 차의 이름으로 그대로 사용하는데 예를 들면 다즐링, 기문, 우바, 닐기리, 아쌈 등이 있다. 블렌드티(blended tea)는 여러 산지의 찻잎을 섞어 일정한 수준의 맛을 낼 수 있게 배합하여 만든 차이다. 대표적인 것이 잉글리시 브렉퍼스트, 아이리시 브렉퍼스트, 로얄 블랜드, 잉글리시 애프터눈 등이 있다. 블랜드티와 플레이버리티를 혼동하는 경우를 종종 볼 수 있는데 블렌드티는 찻잎만으로 배합을 한 것이기에 순수한 찻잎 본연의 향을 품고 있고, 플레이버리티(가향차)는 찻잎 이외의 다른 향을 첨가한 것이다. 대표적인 가향차로는 베르가못(bergamot) 향을 첨가한 얼그레이티가 있고, 자스민티, 애플티, 등이 있다.

6

티백, 아이스티, 밀크티

아이스티와 티백은 둘 다 20C초 미국에서부터 시작되었다. 티백은 1901년 위스콘신 주 밀워키 출신의 두 여성인 로손 Roberta C. Lawson과 몰라렌 Mary Molaren에 의해 고안되어 1903년 특허를 받게 되었지만 대중화하는 데에는 성공을 거두지 못했고, 1908년 뉴욕의 차 거래상인 토마스 설리반 Thomas Sullivan에 의해 대중화가 이루어졌다. 로손과 몰라렌의 특허품인 'tea leaf holder'는 현재의 티백과 가장 유사한 형태다.

그녀들은 찻잎을 낭비하지 않고 한번 마실 양 만큼만 덜어내어 시서하게 차를 즐길 방법을 고민하였고, 티팟에 남는 찻잎 찌꺼기를 처리하는 번거로움을 피할 방법을 연구하다가 잔 하나에 차를 우려 간단히 마실 방법으로 매쉬천으로 된 티백을 발명하였지만 티백의 상용화가 이루어지지는 않았다.

토마스 설리반은 우연한 기회에 티백을 만들게 되었는데, 그는 우수 고객들에게 시음용으로 샘플용 찻잎을 비단 주머니에 넣어 보내 주었고, 몇몇 고객이 찻잎을 정통방식으로 우리지 않고 비단 주머니채로 차를 우려 마시면서 그 편리성에 주문이 계속 이어지는 바람에 우연히 티백을 만들게 되는 계기가 되었다. 그는 주문량이 늘어나자 실크보다 좀 더 저렴한 거즈로 교체를 하면서 본격적으로 캠페인을 벌였고 이것이 티백의 대중화로 이어지게 되었다.

티백이 제품화된 것은 1920년대의 일이며, 종이 티백이 발명된 것은 1950년대의 일이다. 티백의 편리함으로 수요가 급증하게 되자 영국의 립턴은 영국인 최초로 티백을 적극적으로 도입하면서 1910년 세계 최초로 프린트된 티백 태그(Teabag Tag)를 도입하여 태그에 차를 우리는 방법과 브랜드 이름 등을 프린트해서 판매했다. 1952년에는 2면으로 된 티백보다 찻잎이 더 잘 우러날 수 있도록 4면으로 된 더블 챔버 티백Double-Chamber Teabag을 만들어 특허를 받았다. 보수적인 영국인들은 티백을 인스턴트라 비하하며 처음엔 티백 사용을 반대하였으나 현재는 미국보다 더 많은 티백수요를 보이고 있다.

아이스티는 1904년 미국 세인트루이스 국제 무역 박람회장에서 우연한 기회에 탄생하게 되었다. 박람회는 7월의 무더위 속에서 진행되었는데 인도차생산자협회의 위탁을 받은 영국의 상인 리처드 블리친든은 더위에 사람들이 뜨거운 홍차에 관심을 보이지 않자 즉석에서 얼음을 넣어 아이스티를 홍보하기 시작했고, 이는 사람들의 주목을 끌기 시작하며 엑스포의 히트 상품이 되었다. 이렇게 탄생한 아이스티는 금세 인기를 끌기 시작하여 그 후 레몬티를 비롯해 티 펀치, 티 칵테일등 다양한 티 음료들이 출시되었고, 아이스티의 수요가 가장 높은 나라는 미국이다.

영국인들은 150년 이상 홍차에 우유를 먼저 넣는지 나중에 넣는지에 대해 논쟁을 벌일 만큼 홍차에 대한 사랑이 각별한 사람들이다. 홍차를 사랑하는 작가 조지 오웰은 홍차를 맛있게 마시는 방법에 대한 11가지 조항을 1946년 발표하였는데 그 안에는 홍차를 먼저 따르고 우유를 나중에 넣는 것이 좋다고 적힌 내용이 있으나 2003년 영국 왕립 화학협회에서 내 놓은 홍차에 관한 10개안을 보면 우유 단백질의 특성상 우유는 홍차보다 먼저 잔에 넣어야 한다고 했다. 우유 단백질은 75도가 되면 변하기 때문에 뜨거운 홍차에 차가운 우유를 부으면 고온에 의해 우유 단백질이 변하게 되고, 반대로 차가운 우유에 뜨거운 홍차를 부으면 우유의 온도가 서서히 올라가므로 단백질 변성이 일어나지 않는다는 것이다. 이로써 그들은 홍차에 우유를 언

293

제 넣는지에 대한 논쟁을 더 이상 하지 않게 되었다. 또한 밀크티에 사용하는 우유는 저온살균우유^(63~65도에서 30초간 살균)를 사용하는 것을 권장한다.

7

진, 에일, 홍차

유럽에서도 유독 영국인들의 홍차사랑은 대단하다. 그렇다면 홍차를 만나기전 영국 사람들은 주로 어떤 음료를 마셨을까? 중세시대부터 영국엔 '에일 하우스'가 존재했고, 그들에게 술은 일상의 음료였다. 식수가 부족했던 영국에서 알코올이 주된 음료였던 것은 안타깝지만 어쩔 수 없는 현상이었다. 16세기부터 시작된 인클로저운동³³⁾으로 농민들이 살 자리를 잃고 대거 도시로 몰려들면서 런던의 인구는 급팽창을 하게 되었고, 이로써 도시의 위생 상태는 점점 더 나빠지고 상수도 시설도 열악하여 그들에게 알코올은 안전하게 마실 수 있는 유일한 음료였으며, 그로인해 알코올 소비량은 점점 더 늘어나게 되었다.

에일을 일상음료로 마시던 그들에게 네덜란드로부터 값싼 진^(Gin)이 들어오면서 진은 빈민들의 음료로 자리를 잡기 시작했다. 농촌에

---

33) 모직물 공업의 발달로 양털 값이 폭등하자 지주들이 수입을 늘리기 위해 농경지를 양을 방목하는 목장으로 만들기 위해 울타리를 쳐서 사유지 경계를 뚜렷이 한 운동. 이로써 토지를 잃은 농민들은 농토를 떠나 도시로 유입되어 공업 노동자로 변모하게 되었다.

서 일자리를 찾기 위해 도시로 몰려든 사람들은 빈민계층을 형성하면서 18세기 산업혁명을 이끌어가는 일꾼이 되어 형편없는 임금을 받으며 열악한 생활을 하게 되었는데 그런 그들에게 맥주보다 저렴한 진은 고마운 음료였지만 점점 번지는 알코올 중독은 심각한 도시 문제가 되었다. 18세기 영국의 대표적인 풍속화가 윌리엄 호가스(William Hogarth)의 진거리 (Gin Lane. 1750)를 보면 술에 취해 길거리에서 죽어가는 사람들의 모습을 묘사한 것을 볼 수

Gin Lane,
William Hogarth, 1750

있는데, 그 당시 알코올로 심각해진 도시문제를 짐작할 수가 있다.

한편 17세기에 중국으로부터 들여온 차는 서서히 상류층에 알려지면서 그들의 삶을 변화시키더니 19세기 초에 이르러서는 서민들의 생활에까지 영향을 주게 되었다. 인도와 스리랑카등 자신들의 식민지로부터 차를 공급받게 되면서 저렴해진 차는 서민들의 아침 식탁에까지 오르게 되었고, 알코올 중독으로 심각해진 그들의 생활을 조금씩 바꿔 나가는 역할을 하게 되었다. 농장, 공장, 회사에서도 tea break라는 휴식시간을 정해놓고 일하는 중간 중간에 차를 마시는 휴식타임을 만드니 작업 능률이 오르고 알코올 섭취가 낮아지면서 티타임이 점차 확산되고 영국인들에게 홍차는 일상을 바르게 다스려준 고마운 음료로 자리매김 하였다. 그들이 아침부터 밤까지 모든 시간에 사랑스런 티타임을 갖다 붙이는 건 유난스런 일이 아닌 것이다. 얼리 모닝티(early morning tea), 브렉퍼스트티(breakfast tea), 애프터눈 티

(afternoon tea), 다이제스천 티(digestion tea), 애프터 헌팅티(after hunting tea) 등.. 그들의 일상에 홍차는 사랑스러운 음료로 자리 잡았고, 알코올 중독으로 아슬아슬해진 위기의 영국을 지켜준 고마운 음료다.

8

커피 하우스

'1페니 대학'이라는 별칭으로 18세기 영국 런던에 성행하게 된 커피하우스는 영국 남자들의 발길을 붙잡는 곳이었다. 신분고하를 막론하고 1페니만 내면 입장이 가능하여 1페니 대학이라는 별칭이 붙었지만 아쉽게도 여자들은 출입이 금지된 장소였다. 1650년 옥스퍼드에서 처음 문을 연 커피 하우스는 유행처럼 번지기 시작해 런던의 첫 커피하우스인 파스카 로제의 머리 Pasqua Rosee's Head를 필두로 런던의 호황과 맞물리면서 그 수가 기하급수적으로 늘어나게 되었다. 이곳은 남자라면 누구나 입장이 가능 했지만 점차 어울리는 사람들의 성향에 맞춰 문학인들이 모이는 곳, 과학자들이 모이는 곳, 정치에 관심이 많은 사람들이 모이는 곳으로 각 커피 하우스마다 그 개성이 뚜렷해졌다. 이곳에 모인 사람들은 단순히 커피나 음료를 즐기기 위해서라기보다는 이곳을 자신들의 토론장으로 여겨 때로는 격렬한 토론이 벌어지기도 했으며 모든 계층이 어우러지는 가운데 민주주의가 태동되는 역할을 한 곳이기도 하다. 이곳을 통해 반정부 계열 사람들의 목소리가 높아지는 것이 두려워진 찰스2세는 1675년 12월 커피 하우스 금지령을 발표했으나 극심한 반대에 부딪혀 겨우 열흘 만에 철회하였다.

이렇듯 영국은 차보다 커피가 먼저 영국국민들의 사랑을 독차지 하였으나 커피 하우스에서 차를 취급하기 시작하면서, 그리고 아내들의 커피하우스에 대한 극심한 반대에 의해 커피는 조금씩 멀어지게 되었고 그 자리에 차※가 채워지기 시작했다. 여자들도 입장이 가능한 토마스 트와이닝의 '골든 라이언'이라는 커피하우스가 탄생하면서 차는 점점 그들의 일상 속으로 파고들기 시작했으며, 그 후로 커피 하우스는 점차 쇠퇴의 길을 걷고, 티가든과 티룸 등이 그 자리를 대체 하였다. 런던에서 커피하우스가 저물어가는 반면 프랑스 파리에서는 커피의 소비가 점점 더 본격화되어 현존하는 가장 오래된 카페 카페프로코프 Café Procope를 중심으로 점점 그 수가 늘어나게 되었다.

9

아편전쟁
(1840 ~ 1842)

홍차 이야기를 하면서 아편 전쟁을 빼 놓을 수가 없다. 인류가 시작된 이래로 지금껏 끊임없는 전쟁을 치루며 역사가 흘러오고 있지만 수많은 전쟁 중에서도 아편 전쟁은 영국의 입장에서 참으로 부끄러운 전쟁이 아닐 수 없을 것이다. 차에 열광하게 된 영국 사람들은 중국으로부터 차와 도자기를 들여오면서 막대한 양의 은을 내 주어야만 했다. 영국 내에서 홍차소비가 급증을 하자 영국은 중국에게 무역할 수 있는 항구를 좀 더 늘려 주길 원했지만 중국은 이를 거절하고 또 자신들의 차산지나 재배법을 철저히 비밀에 붙였 다. 영국으로서는 애간장이 탈 노릇이었다. 늘어나는 홍차 수요에 영 국 내에서는 위조차와 밀수차 등이 새로운 사회 문제로 대두 되었고, 차로 인한 세금은 계속 오르게 되었다.

영국은 중국으로 대량의 은이 유출되는 것이 못마땅한 나머지 인 도에 심은 아편을 몰래 중국에 퍼뜨리기 시작했다. 영국은 이 아편을 검은 통로를 통해 중국에 뿌리며 그 댓가로 은을 요구했다. 중국의 청나라는 그렇게 조금씩 아편에 중독되기 시작했고, 은을 벌어들인 영국은 그것으로 다시 홍차를 구입하였다.

이 모든 것을 관장했던 빅토리아 여왕. 그녀는 자국 내에서는 아편 을 철저히 금지 시키면서도 해적들을 주축으로 이루어지는 아편밀수 에 관련된 일은 적극 후원을 하였다. 그렇게 중국은 영국에 의해 서 서히 병들어 가고 있었고, 이에 심각성을 느낀 청나라 건륭제는 임칙 서라는 관리를 시켜 아편몰수를 감행한다. 1839년 임칙서는 아편을 싣고 들어오는 배를 기다렸다가 그 안에 든 모든 아편을 불태워 버리 는 일을 벌였는데, 이에 화가 난 영국은 전쟁을 선포하게 되었고, 이 로써 영국과 중국 간에 아편전쟁이 일어나게 되었다.

전쟁 준비가 전혀 되어있지 않은 중국은 섬나라 영국으로부터 굴 욕적인 패배를 당하게 되었으며, 이 전쟁의 결과로 중국은 영국이 원하는 대로 항구를 다섯 개로 개항해야했고, 홍콩을 영국에 빼앗겼으며, 전쟁 배상금 1200만 달러와 몰수당한 아편 배상금 600만 달러까지 지불해야 했다. 영국에서 차가 일상의 음료가 된 건 중국 덕분이지만 중국은 영국에 의해 아편에 물들고 전쟁까지 겪어야 했으니 비통한 역사의 시간은 이렇듯 무겁게 흘러왔다.

⑩

티 레이스

🌿　　　　　　　영국의 동인도회사는 막강한 권력으로 인도와 중국 무역의 독점권을 약200년간 행사하였다. 그러나 늘어나는 부채와 경영의 부패로 서서히 쇠퇴의 길을 걷기 시작했고, 1813년 인도무역의 독점권을 잃은데 이어 1833년에는 중국 무역에 대한 독점도 막을 내리게 되었다. 이러한 변화와 함께 1849년 영국에 유리한 항해조례법이 폐지되면서 다른 나라의 선박들도 영국 내에서 화물을 운송할 수 있게 되어 각 나라의 선박 주들이 영국으로 몰려들기 시작했고 본격적으로 자유경쟁의 시대가 열리게 되었다.

동인도회사가 독점무역을 할 당시엔 필요치 않던 속도경쟁이 이때부터 불붙기 시작했는데, 어떤 선박이 차를 싣고 가장 빨리 도착하느냐에 사람들의 관심이 쏠리기 시작했으며 선박도 속도를 가장 잘 낼 수 있는 형태의 쾌속선^(대형 범선,clipper)으로 주조되기 시작했다. 생각지 못한 티 레이스(Tea race)가 펼쳐진 것이다. 마치 스포츠 경주를 하듯 사람들은 어떤 선박이 항구에 먼저 닿는지에 초미의 관심이 집중되었다. 이러한 티 클리퍼의 속도전으로 예전엔 반년도 넘게 걸리던 것이 중국 남부에서 런던까지 100일이 채 걸리지 않게 되었다. 이러한 속도로 사람들은 신선한 차를 공급 받을 수 있게 되었고, 이전에 마셔보지 못한 신선한 향과 맛이 가득한 차를 마실 수 있게 되자 차 상인들은 앞 다퉈 런던에 가장 먼저 도착하는 선박에게 돈을 더 치른다는 광고를 내면서 선주들 사이의 경쟁은 더욱 치열해졌다.

그런데 대부분의 승리가 미국의 쾌속선에 돌아가자, 이에 자극을 받은 영국에서 야심찬 범선을 만들게 되는데 스카치 위스키 이름으로도 잘 알려진 커티삭(Cutty Sark)호이다. 그러나 공을 들여 주조된 커티삭호는 그 쓰임이 제대로 이루어지기도 전에 운항의 의미가 없어지고 말았으니, 커티삭호가 처녀항해를 시작한 1869년에 수에즈 운하가 개통되었기 때문이다. 수에즈 운하의 개통으로 항로의 거리가 반으로 단축되었고 수에즈 운하는 대형 범선들이 지나다니기엔 너무 좁았기 때문에 증기선이 필요했고, 범선들의 존재는 더 이상 의미가 없어져 버렸다. 20여 년간의 티 레이스는 한순간 달아올랐다가 수에즈 운하의 개통과 함께 조용히 저물었으며, 더불어 야심차게 주조된 커티삭호의 운명은 그렇게 역사 속에 묻혀 빛을 내기도 전에 지고 말았다.

도자기

🌿 6C말 중국의 도자기는 유럽의 왕족, 귀족을 중심으로 서서히 유행하기 시작했다. 자기 기술이 없었던 유럽은 중국의 자기에 매료 되었으며, 내구성이 좋으면서도 투명한 듯 얇고 푸른 자기들을 비싼 값을 치르고서라도 사 모으기 시작했다. 이러한 중국의

자기들은 그들의 부와 신분을 과시하기에 충분 했으며 차를 마시는 모습을 초상화로 남기기도 하였다. 그 당시 차를 마시는 그림을 보면 찻잔에는 손잡이가 없고, 차를 받침에 부어 마시는 것을 볼 수 있는데 이러한 차 예절은 네덜란드식 궁정 차 예법이다. 지금 보면 웃음이 나오는

장면이지만 그 당시에는 진지한 차 예법이었음을 알 수 있다. 적당한 온도의 녹차를 즐겨 마시는 중국인들은 찻잔에 손잡이를 굳이 만들 필요를 느끼지 않았겠지만 뜨겁게 차를 마시는 유럽인들은 잔을 직접 손에 들고 마시는 것이 쉽지 않아 잔에 든 차를 받침에 따라서 식혀 마시다가 나중에는 잔에 손잡이를 만들게 되었다.

도자기의 수입량이 늘어나자 신이 난 것은 동인도회사였는데 이는 도자기가 배의 바닥짐으로서 훌륭한 역할을 해 냈기 때문이다. 이렇

게 중국 최고의 자기 기술을 뽐내는 징더전景德鎮 의 자기들은 유럽 황
실로 흘러들어 갔으며 유럽인들은 그들의 자기 기술을 흉내 내려 부
단히 노력했다. 아무리 흉내 내도 도기의 투박함을 벗어나지 못하다
가 독일의 에렌프리트 발터 폰 취른하우스에 의해 1708년 처음으로
자기 기술의 비밀이 풀리게 되었다. 자기의 첫 번째 비밀은 바로 흰
색의 점토인 고령토였는데 이 고령토가 드레스덴 근처에 있었고, 이
는 자기의 비밀을 풀 수 있는 하나의 열쇠였다. 그러나 이 점토로 섭
씨 1200도 이상에서 구워낸 첫 번째 자기가 탄생한지 얼마 안되 그
는 안타깝게도 병으로 사망하게 되었고, 그 행운을 그의 조수인 요한
프리드리 뵈트거가 안게 되었다. 그는 자신이 마치 자기기술을 발명
한양 떠들고 다니다가 마이센 자기 공장의 공장장이 되는 행운을 덤
으로 얻기도 했다. 이 비법은 점차 유럽 다른 나라들로 퍼져나가 프
랑스, 오스트리아, 이태리 등에서도 점차 자기 기술이 발달하였으며

홍차상식

영국은 동물의 뼛가루를 50%정도 함유한 본차이나라는 독특한 형태의 자기를 만들어 내기도 하였다. 자기 기술에 대한 신비를 풀어낸 유럽인들은 예전처럼 중국의 다구들에 큰 관심을 기울이지 않게 되었으며 자신들의 차 생활에 맞는 화려한 다구들을 만들어내면서 차는 그들의 일상에 점점 더 넓게 퍼지기 시작했다.

🔟

차와 건강

홍차를 즐겨 마시면서 가장 많이 듣는 질문이 있다. 첫째는 떫지 않느냐는 질문이고, 둘째는 카페인이 많지 않느냐는 질문이다. 홍차하면 떠오르는 이 떫은맛의 주범은 바로 카테킨(catechin) 성분 때문이다. 한때 녹차 다이어트가 붐이었다. 녹차를 마시면 살이 빠지는 이유도 바로 이 카테킨성분 때문이다. 카테킨은 혈관에 축적된 콜레스테롤과 지방을 분해하고 배출시키는 역할을 하니 비만에 효과가 있고, 또한 여러 독소와 결합하여 해독하는 역할을 하기 때문에 우리 몸의 지방 성분이 산화되는 것을 지연시키거나 막는 항산화 효과가 있을 뿐 아니라 몸의 면역성도 높여준다.

건강에 민감한 사람들은 카페인에 주목한다. 홍차의 카페인에 민감한 사람들이 많은데 차 한 잔에는 커피 한잔의 약 1/5에 해당하는 카페인이 들어 있을 뿐이고, 또한 차에 든 카페인은 몸에 바로 흡수

되지 않고 카테킨과 결합을 하여 체내에 더디게 흡수된다. 그리고 주목할 만한 것은 데아닌(theanin)이라는 성분이다. 이는 흥분을 가라앉히며 마음을 안정시키는 역할을 한다. 차를 마시면 명상 효과가 있다고 하는 것이 바로 이 데아닌 성분 때문이다. 그 외에도 차는 암을 예방하며, 노화를 억제 하기도하고, 치매예방과 피부미용에도 탁월한 효과가 있다. 그 옛날 편작이 이야기한 2만 2천 종류의 효능이 있다 한 것은 그냥 하는 소리가 아니다.

　딸아이가 사춘기에 접어들 즈음 차를 만났다. 온 국민 모두
가 무서워서 피한다는 중2병. 또래 엄마들을 만날 때면 하나
둘씩 시작되는 그 병의 폐해에 대해 이런 저런 사례들을 쏟아
내기 시작했고, 한숨과 한탄이 여기저기서 터져 나오기 시작
했다. 상냥하던 아들이 어느날 갑자기 말을 하지 않고 입을 닫
아 버렸다는 이야기, 착하던 딸내미가 눈을 부릅뜨고 대들었
다는 이야기 등등.. 밀려오는 이야기에 지레 겁을 먹고 미리
예방을 해 보리라 마음을 단단히 먹곤 했던 그 즈음, 내겐 차
※가 먼저 찾아왔다. 차를 마시는 모습은 딸에게 편안하게 다
가갈 수 있는 여지를 남겨 주었고, 흥분될 만한 일도 차 한 잔

으로 마음을 가라앉힐 수 있었다. 부스럭대는 마찰이 없을 순 없었지만 비교적 순탄하게 사춘기를 넘겨 보낼 수 있었던 것도 차 한 잔이 가져다준 여유 덕분이었다.

한 박자 느리게 걷는 기분으로 차를 우린다. 홀로 만나는 차 한 잔의 여유도 좋지만 딸과 함께 하는 티타임은 몇 배의 행복으로 다가온다. 차를 우리면서 넌지시 "함께 마실래?" 하는 물음에 매번 거절 당하기 일쑤였지만 가끔은 향을 맡아 보기도, 또 가끔은 수색을 감상하기도 하더니, 어느 날 "나도 한번 마셔볼까?"하며 다가와 옆에 앉는다. 그 한 마디가 얼마나 반갑던지... 딸내미가 좋아할 만한 동물 그림이 그려진 티팟과 찻잔을 준비하고 차에 대한 작은 호기심이 생긴 그 순간을 놓칠세라 차를 준비하는 손이 바빠진다. 딸기 향 가득한 차를 꺼내고는 딸의 얼굴을 살핀다. 찻잎의 향을 맡으며 만족스러워하는 표정에 내 마음은 이내 즐거워지고 한 모금 두 모금 넘길 때 마다 호로록 거리는 그 모습이 귀여워 한참을 쳐다본다.

차를 우리고 딸과 마주 앉아 함께 이야기 나누는 시간이 조금씩 늘어났다. 학교에서 힘들었던 이야기, 마음을 괴롭히는 고민 이야기도 조금씩 꺼내는 모습을 볼 때면 차의 마력은 이런 것인가 하는 생각이 든다. 차에 관심이 없던 남편도 어느 순간 차를 즐기게 되니 사랑스럽게 내 삶에 스며든 한 잔의 차는 가족과 함께 할 수 있는 더 많은 시간을 마련해주었다.

홍차, 조용한 모습으로 잔에 담긴 이 한 잔의 울림은 내 마음에 광풍이 되어 잠자던 내면을 일깨워주었다. 내 안으로의 시간을 허락하고, 책에 더 집중할 수 있는 보탬이 되어주었으며, 무엇보다 소중한 인연들의 고리를 엮어주었다. 더 넓은 세상은 나의 내면으로 깊이 들어갈 수 있을 때 비로소 시야에 들어온다는 사실도 차 한 잔이 가르쳐 준 지혜. 흔들림 없는 단단한 나로 설 수 있게 만들어 주는 차의 끊임없는 속삭임은 주어진 삶의 거친 시간들을 보듬고 헤쳐 나갈 힘을 준다.

'차'로 만난 인연은 계속 이어지고..
茶로 만난 인연...

메모

Memo

茶로 만난 인연

초판발행일 | 2017년 7월 25일

지 은 이 | 김정미
사   진 | 봉수아
펴 낸 이 | 배수현
디 자 인 | 박수정
홍   보 | 배성령
제   작 | 송재호

펴 낸 곳 | 가나북스 www.gnbooks.co.kr
출 판 등 록 | 제393-2009-12호
전   화 | 031) 408-8811^(代)
팩   스 | 031) 501-8811

ISBN 979-11-86562-61-1